Maike Finnern / Markus Holm / Marcus Löffler

Besser in Mathematik

Gymnasium

Mit 28 S. Lösungsheft

8. Klasse

Cornelsen
SCRIPTOR

Die Autoren:
Maike Finnern unterrichtet Mathematik an einer Realschule.
Markus Holm arbeitet freischaffend als Autor und Redakteur für Mathematik- und Informatikbücher und hat sich auf Schul- und Lernbücher spezialisiert.
Marcus Löffler unterrichtet Mathematik und Geschichte an einem Gymnasium.

www.cornelsen.de

Bibliografische Information:
Die Deutsche Bibliothek verzeichnet diese Publikation in der Deutschen Nationalbibliografie; detaillierte bibliografische Daten sind im Internet über http://dnb.ddb.de abrufbar.

2. Auflage 2011

Projektleitung: Stefan Giertzsch, Berlin
Redaktion: Angelika Fallert-Müller, Groß-Zimmern
Reihengestaltung: tiff.any GmbH, Berlin
Herstellung: Uwe Pahnke, Regina Meiser, Berlin
Satz und Layout: Dagmar & Torsten Lemme, Berlin
Illustrationen: R. J. Fischer, Lennart Fischer, Berlin; Matthias Böcking, Bochum
Umschlaggestaltung: Patricia Müller, Berlin
Druck und Bindearbeiten: orthdruk, Bialystok, Polen
Printed in Poland
ISBN 978-3-589-22755-6

Gedruckt auf säurefreiem Papier,
umweltschonend hergestellt aus chlorfrei gebleichten Faserstoffen.

Liebe Schülerin, lieber Schüler,

dieser Band der Reihe Besser in Mathematik hilft dir, deine Kenntnisse im Fach Mathematik zu verbessern. Du kannst gezielt Stoff nachholen und wiederholen, um sicherer zu werden!
Zu allen Bereichen des Mathematikunterrichts werden kleine Aufgaben angeboten, mit denen du selbstständig arbeiten kannst.
Die Schwerpunkte sind:

- Definitionen und Regeln kennen und anwenden,
- Aufgaben strukturieren und strategisch bearbeiten,
- Diagramme und Formeln erstellen und interpretieren,
- Zusammenhänge begründen und überprüfen.

Die Texte und die Aufgaben in diesem Buch sind so ausgewählt und zusammengestellt, dass dir die Bearbeitung möglichst leichtfällt.

Tipps

- Lege dir ein **eigenes Arbeitsheft** zu, in das du schreibst.
- Bist du dir beim Lösen der Übungsaufgaben nicht ganz sicher, sieh dir die Beispiele noch einmal genau an.
- Vergleiche deine Ergebnisse mit dem Lösungsheft.
  Überprüfe bei Fehlern immer genau, was du falsch gemacht hast. Verbessere Fehler.
- Am Ende eines jeden Kapitels kannst du in einem kleinen Test überprüfen, ob du den Stoff nun beherrschst. Wenn nicht, bearbeite die entsprechenden Aufgaben in einigen Tagen noch einmal.

Viel Spaß und Erfolg beim Lernen!

1 TERME UND GLEICHUNGEN

Was du schon können musst:

- die Begriffe Summe, Differenz, Produkt, Faktor und Potenz kennen.

Darum geht es

- Terme vereinfachen (gleichartige Terme zusammenfassen).
- Terme multiplizieren und dividieren, ausklammern (in ein Produkt umwandeln).
- die binomischen Formeln anwenden.
- Terme zur Beschreibung mathematischer und physikalischer Gesetze darstellen.

Erinnere dich

Terme sind Rechenvorschriften, in denen die Rechengesetze der Addition, der Subtraktion, der Multiplikation und der Division gelten und den Vorrang regeln.

1.1 Terme mit mehreren Variablen

Summen und Differenzen

In Summen und Differenzen fasst man gleichartige Terme zusammen.

Beispiele:

a)

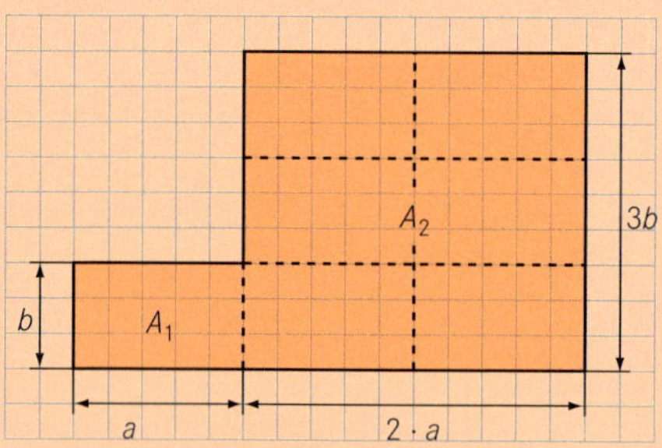

$A_1 = a \cdot b$

$A_2 = 2a \cdot 3b = 6ab$

$A_G = A_1 + A_2 = ab + 6ab$

$= 7ab$

b)

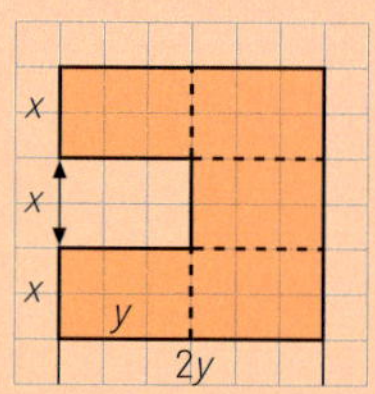

$A = 3x \cdot 2y - x \cdot y$

$= 6xy - xy$

$= 5xy$

Übersichtlicher wird es, wenn du bei gleichartigen Termen das Malzeichen weglässt.

Beispiel: Vereinfache den Term $3 \cdot a + 3 \cdot a \cdot b + 2 \cdot b - 4 \cdot a - 2 \cdot a \cdot b$

$3 \cdot a + 3 \cdot a \cdot b + 2 \cdot b - 4 \cdot a - 2 \cdot a \cdot b =$ (Vertauschen/Kommutativgesetz)

$3 \cdot a - 4 \cdot a + 3 \cdot a \cdot b - 2 \cdot a \cdot b + 2 \cdot b =$ (Zusammenfassen gleichartiger Terme)

$(3 - 4) \cdot a + (3 - 2) \cdot a \cdot b + 2 \cdot b =$

$-1 \cdot a + 1 \cdot a \cdot b + 2 \cdot b =$

$-a + a \cdot b + 2 \cdot b$

Produkte

In Produkten fasst man gleiche Faktoren zu Potenzen zusammen.

Beispiel: Der nebenstehende Quader hat die Seitenlängen x, $2x$ und $3x$. Der Term zur Berechnung des Volumens ist $V = x \cdot 2x \cdot 3x$.

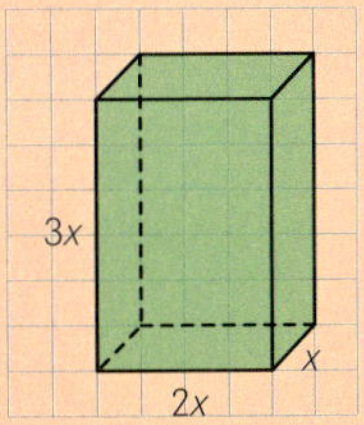

Die Umformung ergibt:

$V = x \cdot 2x \cdot 3x$ (Vertauschen/Kommutativgesetz)

$= 2 \cdot 3 \cdot x \cdot x \cdot x$ (Variablen zur Potenz zusammenfassen)

$= 6x^3$

Beispiel: Die Oberfläche des Quaders besteht aus sechs Flächen, wobei jeweils zwei Flächen doppelt auftreten.

$A_1 = 3x \cdot 2x = 6x^2$

$A_2 = 3x \cdot x = 3x^2$

$A_3 = 2x \cdot x = 2x^2$

$A_G = 2 \cdot 11x^2$

$= 22x^2$

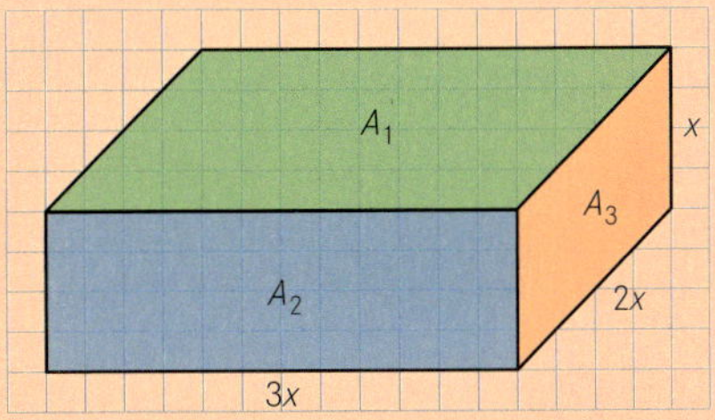

Das Ergebnis zeigt Dir, dass sich die Oberfläche aus genau 22 Quadraten mit der Seitenlänge x und somit der Fläche x^2 zusammensetzt.

1 Fasse die Terme zusammen.

a) $2xy + 7ab + 3ab + 10xy$

b) $3a + 7b - 2a - 11b$

c) $3a^2b + a + 7a^3b + 3a$

d) $13ab^2 - 11ab^2 + 10b - 11b$

2 Vereinfache die Produktterme.

a) $3x \cdot 5y$

b) $2x \cdot 3x \cdot 0{,}5x$

c) $4x \cdot x \cdot 3y$

d) $(-2)x \cdot 7x$

3 **Vereinfache und fasse zusammen.**

a) $a \cdot 3b + 7ab + 2b \cdot 3b + 4b^2$

b) $-a \cdot 2a + b \cdot 2b + a \cdot 3a - b \cdot 3b$

c) $4xy - 12x + 6xy - 12y - 8$

d) $2(a + b) - 3(e - f) - 3(a + b) + 4(e - f)$

4 **Terme**

a) Stelle einen möglichst einfachen Term für das Volumen des nebenstehenden Körpers auf.

b) Stelle einen möglichst einfachen Term für die Oberfläche des nebenstehenden Körpers auf.

c) Wie oft passt ein Würfel mit dem Volumen x^3 in den Körper?

d) Welche Größe hat die Oberfläche für $a = 2\,\text{cm}$?

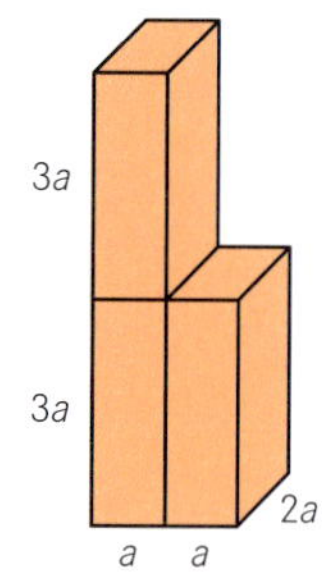

5 **Gib den Umfang *U* in Abhängigkeit von *c* und *d* an.**

a)

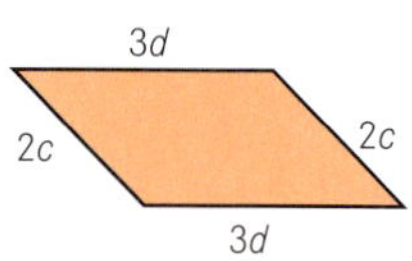

b)

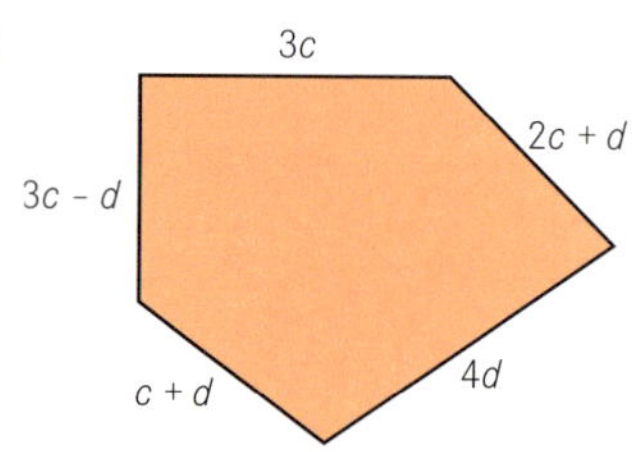

1.2 Terme mit Klammern – Ausmultiplizieren und Ausklammern

Darum geht es

- Klammern auflösen.
- Terme miteinander multiplizieren, binomische Formeln anwenden.
- Terme in Produkte umwandeln.

Summen mit einem Faktor multiplizieren

Ein Faktor wird mit einer Summe multipliziert, indem man den Faktor mit jedem Summanden in der Klammer multipliziert.

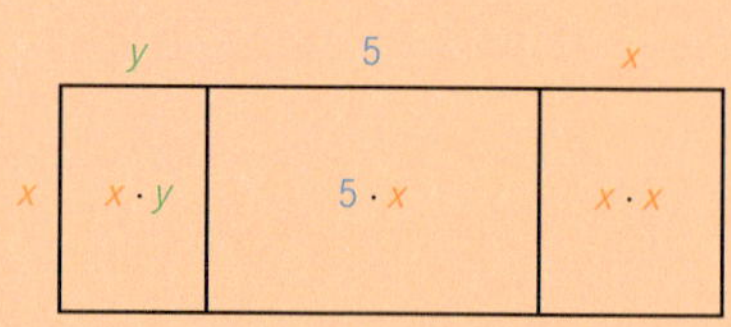

oder: $x \cdot (y + 5 + x) = xy + 5x + x^2$

Beispiel 1

Eine Zahl x wird mit einer weiteren, um drei vergrößerten Zahl y multipliziert. Der Term dafür lautet: $x \cdot (y + 3)$. Das Distributivgesetz wendest du folgendermaßen an: $x \cdot (y + 3) = x \cdot y + x \cdot 3 = xy + 3x$.
Der Term $x \cdot (-y - 1)$ wird durch Ausmultiplizieren zu $x \cdot (-y) + x \cdot (-1) = -xy - x$.
Achtung Bei einer „Minusklammer" multiplizierst du ebenfalls aus, dabei entspricht das Minuszeichen „–" dem Faktor „– 1":
$x - (y + 3) = x + (-1) \cdot (y + 3) = x + (-1 \cdot y) + (-1 \cdot 3) = x - y - 3$.

Beispiel 2

An den Tankstellen I, II und III werden an einem Tag die Gesamtmengen A, B und C an Gas getankt. Der Preis für ein Kilogramm Gas variiert täglich und wird deswegen mit x bezeichnet. Der Term $Ax + Bx + Cx$ beschreibt die Einnahmen eines Tages für den Verkauf von Gas aller Tankstellen zusammen. Der Faktor x (Preis für 1 kg Gas) tritt in jedem der drei Produkte auf. Deswegen kannst du das x ausklammern und die Faktoren A, B, C addieren: $x(A + B + C)$. In der Klammer steht nun die Summe der Gasmengen. Das Produkt liefert dir den Gesamtpreis.
Steht vor dem gemeinsamen Faktor kein weiterer Wert, dann denke dir eine 1.

1 Löse die Klammern auf und verwandle in eine Summe.

a) $3 \cdot (x + y)$ b) $7x \cdot (6 + 2y)$ c) $-2 \cdot (u + v)$
d) $5 \cdot (11 - y)$ e) $x \cdot (-y + 13)$ f) $uv \cdot (u + v)$

2 Schreibe als Produkt.

a) $8x + ax$ b) $9r^2 + 9s^2$ c) $y + 13y + by$
d) $11u - uv$ e) $3xy + c \cdot xy$ f) $7xy - 14xs + 49ax$

3 Gib den Oberflächeninhalt des Quaders in Abhängigkeit von a und b an. Vereinfache den Term so weit wie möglich.

a)
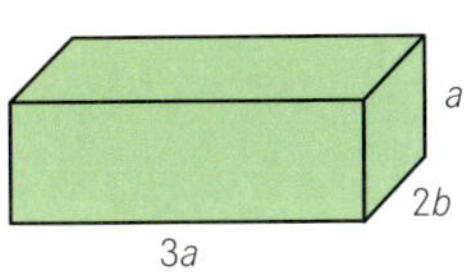

b)
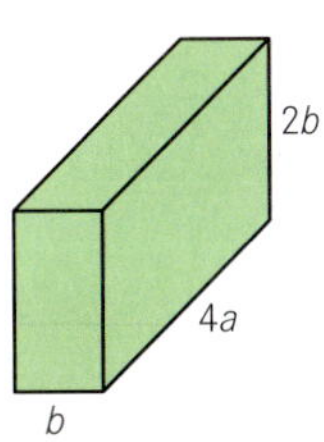

1.3 Produkte von Summen – binomische Formeln

Darum geht es

Wie in den beiden vorhergehenden Kapiteln geht es bei Produkten von Summen um die Vereinfachung oder Umformung von Termen. Du wirst erfahren, wie du solche Terme umwandeln kannst. Für spezielle Produkte von Summen lernst du Regeln kennen, um Terme schneller umformen zu können.

Summen miteinander multiplizieren

Zwei Summen werden miteinander multipliziert, indem man jeden Summanden der einen Summe mit jedem Summanden der anderen Summe multipliziert.

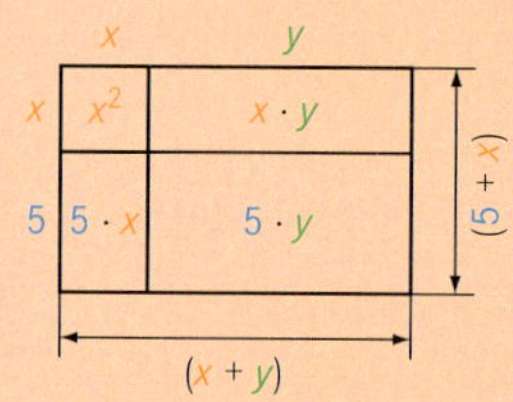

$$(x + 5) \cdot (x + y) = x^2 + xy + 5x + 5y$$

Beispiel: Eine um zwei vergrößerte Zahl wird mit einer weiteren, um 5 vergrößerten Zahl multipliziert. Der Term hierfür lautet: $(x + 2) \cdot (y + 5)$. Du wendest nun zweimal das Distributivgesetz an. Multipliziere die zweite Klammer zunächst mit der Variablen x. Du erhältst dadurch den Term $x \cdot y + x \cdot 5$. Nun multiplizierst du den zweiten Term mit der Zahl 2 und erhältst den Term $2 \cdot y + 2 \cdot 5$. Anschließend addierst du beide Terme und vereinfachst diese:
$x \cdot y + x \cdot 5 + 2 \cdot y + 2 \cdot 5 = xy + 5x + 2y + 10$.

Binomische Formeln

1. binomische Formel: $(a + b)^2 = (a + b) \cdot (a + b) = a^2 + 2ab + b^2$
2. binomische Formel: $(a - b)^2 = (a - b) \cdot (a - b) = a^2 - 2ab + b^2$
3. binomische Formel: $(a + b) \cdot (a - b) = a^2 - b^2$

Die binomischen Formeln sind Spezialfälle der Multiplikation zweier Summen.

Beispiel a:

$(x + 2)^2 = x^2 + 2 \cdot 2x + 2^2 = x^2 + 4x + 4$ — 1. binomische Formel

$(2u - v)^2 = (2u)^2 - 2 \cdot 2uv + v^2 = 2^2u^2 - 4uv + v^2$
$= 4u^2 - 4uv + v^2$ — 2. binomische Formel

$(3t + 7)(3t - 7) = (3t)^2 - 7^2 = 9t^2 - 49$ — 3. binomische Formel

Beispiel b: Die binomischen Formeln kannst du auch verwenden, um Summen in Produkte zu verwandeln.

$u^2 + 12x + 36 = u^2 + 2 \cdot 6x + 6^2 = (u + 6)^2$ — 1. binomische Formel (rückwärts)

$9y^2 - 121 = (3y)^2 - 11^2 = (3y + 11)(3y - 11)$ — 3. binomische Formel (rückwärts)

1 **Wende die binomische Formel an.**

a) $(x + y)^2$ b) $(5u + v)^2$ c) $(xy + 8)^2$ d) $(x - 9)^2$
e) $(4a - b)^2$ f) $(-s + k)^2$ g) $(x + y)(x - y)$ h) $(4u + 12)(4u - 12)$

2 **Verwandle die Terme mithilfe der binomischen Formeln in ein Produkt.**

a) $y^2 + 50y + 625$ b) $x^2 - 12x + 36$ c) $4 - v^2$
d) $a^2b^2 - 2ab + 1$ e) $196u^2 - 1$ f) $72by + 81b^2 + 16y^2$

3 **Gib den Umfang U und den Flächeninhalt A durch die gegebenen Variablen an.**

a)
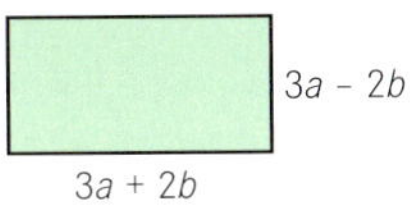

b)
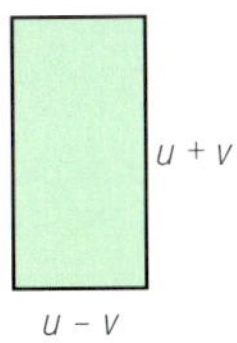

c)
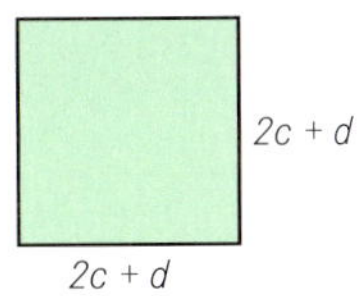

1.4 Gleichungen

Darum geht es

Gleichungen mit einer Variablen durch Termumformungen bzw. äquivalente Umformungen lösen.

Was ist eine Gleichung?

Verbindet man einen Term mit einer Zahl, einer Variablen oder einem anderen Term durch das Gleichheitszeichen „=“, so spricht man von einer Gleichung. Eine einfache Gleichung ergibt sich aus dem Term $2x + 4$ und der Zahl 8. Die Gleichung lautet dementsprechend $2x + 4 = 8$.
Bei einer Gleichung wird der Wert für die Variable gesucht, sodass die Gleichung auf beiden Seiten den gleichen Wert annimmt. In diesem Fall muss die Variable x den Wert 2 annehmen: $2 \cdot 2 + 4 = 8$, $x = 2$ oder $L = \{2\}$ nennt man „Lösung“ einer Gleichung.

Äquivalenzumformungen

Äquivalenzumformungen sind Umformungen, welche die Lösungsmenge einer Gleichung nicht verändern.
Beispiel a: Die Gleichung $x + 4 = 10 - x$ kann man durch beidseitiges Addieren und Subtrahieren äquivalent umformen, bis die Variable x allein steht:

$$2x + 4 = 10 + x \quad | -x$$
$$x + 4 = 10 \quad | -4$$
$$x = 6$$

Die Lösungsmenge der Gleichung ist $L = \{6\}$.

Zur Kontrolle ist es sinnvoll, eine Probe durchzuführen, das heißt, du setzt die Lösung in die Ausgangsgleichung ein. Die linke Seite der Gleichung ergibt dann $2 \cdot 6 + 4 = 16$. Die rechte Seite ergibt $10 + 6 = 16$. Beide Seiten stimmen überein, also stimmt die Lösung.

Beispiel b: Die Gleichung $\frac{4}{x} = 2$; $x \neq 0$ kann man durch beidseitiges Multiplizieren und Dividieren umformen, bis die Variable x allein steht:

$$\frac{4}{x} = 2 \quad | \cdot x$$
$$4 = 2x \quad | :2$$
$$2 = x$$

Die Lösungsmenge der Gleichung ist $L = \{2\}$.

Beispiel c:

$$7(x + 2{,}5) = 4x + 13$$
$$7x + 17{,}5 = 4x + 13 \quad | -4x$$
$$3x + 17{,}5 = 13 \quad | -17{,}5$$
$$3x = -4{,}5 \quad | :3$$
$$x = -1{,}5$$

Probe: $7 = 7$

Die Lösungsmenge der Gleichung ist $L = \{-1{,}5\}$.

Merksatz

Bei Gleichungen der Form $x(x + a) = 0$ oder $(x + a)(x + b) = 0$ kann man die Lösung direkt ablesen, da ein Faktor immer 0 ergeben muss.

Beispiel a: Die Gleichung $x(x + 4) = 0$ besitzt die Faktoren x und $x + 4$. Die Gleichung ist erfüllt, wenn $x = 0$ oder $x + 4 = 0$ ist:

$$x + 4 = 0 \quad | -4$$
$$x = -4$$

Die Lösungsmenge der Gleichung ist $L = \{-4; 0\}$.

Beispiel b: Die Gleichung $(x - 2)(x + 4) = 0$ besitzt die Faktoren $x - 2$ und $x + 4$. Die Gleichung ist erfüllt, wenn $x - 2 = 0$ oder $x + 4 = 0$ ist:

$$x - 2 = 0 \quad | +2 \qquad\qquad x + 4 = 0 \quad | -4$$
$$x = 2 \qquad\qquad\qquad x = -4$$

Die Lösungsmenge der Gleichung ist $L = \{-4; 2\}$.

1 Bestimme die Lösungsmenge der Gleichung.

a) $12x + 7 = 31$ b) $9x - 2 = 4x + 13$ c) $2(3x + 9) = -3$

d) $\frac{3}{x} + 2 = \frac{15}{x}$ e) $5(9 - 11y) = -40y$ f) $x(4x - 6) = (2x - 2)^2$

2 Bestimme die Lösungen der Gleichung.

a) $x(x + 3) = 0$ b) $3(x - 3)(x + 4) = 0$

c) $x^2 + 4x + 4 = 0$ d) $x^2 - 81 = 0$

3 Preissenkung

Im Schlussverkauf wird der Preis einer Damenbluse um ein Zehntel ihres Preises und um weitere 2 € gegenüber dem Anfangspreis vermindert und mit 16 € verkauft. Berechne den Ausgangspreis.

4 Das Produkt zweier gebrochener Zahlen, die sich um $\frac{2}{3}$ voneinander unterscheiden, ist Null. Welche Zahlen sind das?

Test Kapitel 1

1 Vereinfache und fasse so weit wie möglich zusammen. |8|

a) $x \cdot x + 4x^2$

b) $ef + fe - f + 5f$

c) $3a - (7 \cdot ab + a^2) - b$

d) $yz + yx - 3xy - zy + 13xz$

2 Multipliziere und fasse zusammen. |12|

a) $(1{,}5x - 2{,}25) \cdot 4x$

b) $(-3a + c)(-1 + 2c)$

c) $(-d + 7f)^2$

d) $\left(\frac{1}{2}r + \frac{2}{3}t\right)\left(\frac{1}{2}r - \frac{2}{3}t\right)$

3 Terme zur Oberflächen- und Volumenberechnung eines Quaders |10|

Betrachte das nebenstehende Netz eines Quaders.

a) Stelle den Term zur Berechnung der Oberfläche des Netzes des Quaders auf.

b) Wie groß ist das Volumen für $x = 3$ cm. Stelle zunächst einen Term zur Berechung des Volumens auf.

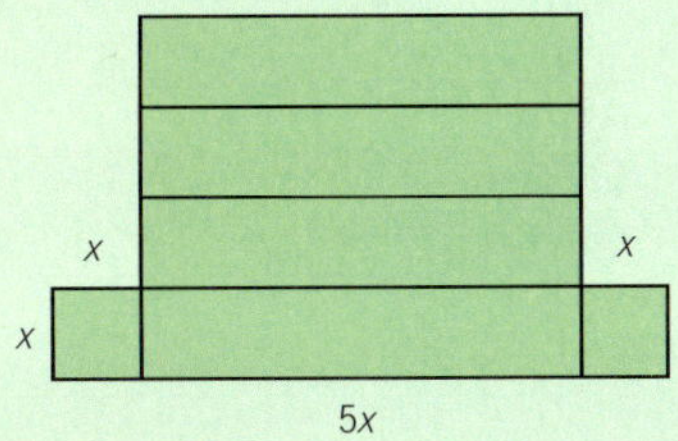

4 Löse die Gleichung und überprüfe die Lösung durch Einsetzen. |10|

a) $(x + 2)^2 = x^2 + 8$

b) $5a - 2 \cdot (a + 3) = a + 8$

5 Berechne Oberfläche und Volumen eines Quaders.

Ein Quader mit quadratischer Grundfläche hat eine Kantenlänge von 60 cm. Die Länge der Kante, welche die Grundfläche begrenzt, ist dreimal so lang wie die Höhe des Quaders. Berechne O und V dieses Quaders. |10|

||50||

Wie viele Punkte hast du? Erreichst du mehr als 25 Punkte, beherrschst du den Inhalt des Kapitels wirklich gut. Erreichst du weniger als 13 Punkte, dann solltest du dieses Kapitel wiederholen.

2 LINEARE FUNKTIONEN

Was du schon können musst:

▷ Zuordnungen mithilfe von Tabellen und Graphen darstellen (↗ S. 15).
▷ Terme umformen und Gleichungen nach einer Variablen auflösen (↗ S. 20, 31).

Darum geht es

- beurteilen, ob eine Zuordnung eine Funktion ist.
- erkennen, welche Veränderungen im Funktionsterm einer linearen Funktion eine Veränderung des Graphen bewirkt.
- aus einer Funktionsvorschrift der Form $f: x \rightarrow m \cdot x + b$ eine Tabelle anlegen und den Graphen zeichnen.
- zu einem Graphen einer linearen Funktion eine Funktionsgleichung aufstellen.
- lineare Gleichungen der Form $ax + b = c$ grafisch und rechnerisch lösen.

2.1 Eindeutige Zuordnungen – Funktionen

Darum geht es

In diesem Abschnitt geht es um besondere Zuordnungen, die Funktionen. Woran kannst du erkennen, ob eine Zuordnung auch eine Funktion ist?

Erinnere dich

Zuordnungen können durch Pfeile, Tabellen und Graphen dargestellt werden.

Beispiel a: Pfeile

Musikgruppe → Musikrichtung

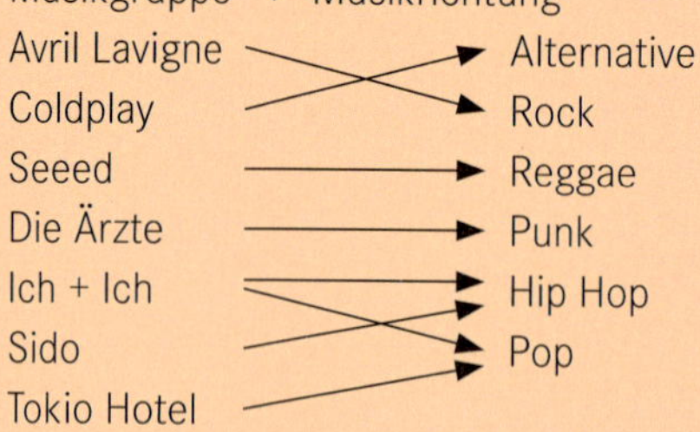

Beispiel b: Tabelle

Land → Einwohnerzahl

Land	Einwohnerzahl
China	1 231 Mio.
Indien	1 148 Mio.
USA	304 Mio.
Indonesien	226 Mio.
Brasilien	189 Mio.
Russland	142 Mio.
Deutschland	82 Mio.

In den Beispielen kannst du beobachten, dass es zu jedem Land **genau eine** Einwohnerzahl (b) gibt. In (a) siehst du, dass von einer Musikgruppe zwei Pfeile ausgehen.

Funktionen

Eine Zuordnung $x \rightarrow y$, die jedem Wert für x genau einen Wert für y zuordnet, heißt Funktion.

Die Zuordnung Land → Einwohnerzahl im Beispiel b ist also eine Funktion. Dagegen ist die Zuordnung Musikgruppe → Musikrichtung im Beispiel a keine Funktion.

Beispiele:

Die blau dargestellten Graphen sind Zuordnungen der Form $x \rightarrow y$.

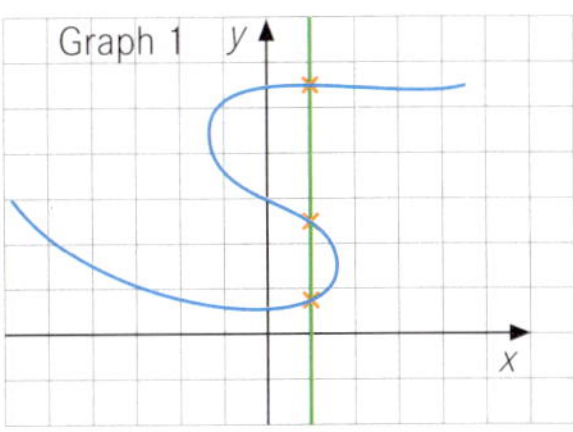

Die grüne Senkrechte schneidet den Graphen an drei Punkten. Einem x-Wert werden drei y-Werte zugeordnet.

Graph 1 ist keine Funktion.

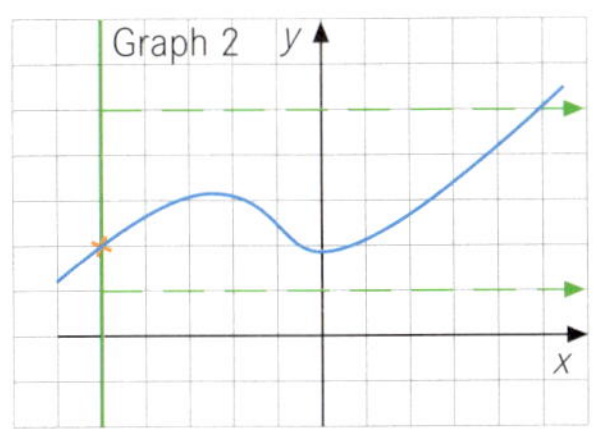

Die grüne Senkrechte schneidet den Graphen nur in einem Punkt. Einem x-Wert wird immer nur ein y-Wert zugeordnet.

Graph 2 ist eine Funktion.

1 In den unten aufgeführten Mengen findest du Namen und Tiere.

a) Gib mithilfe von Pfeilen eine Zuordnung Name → Lieblingstier so an, dass sie eine Funktion ist.

b) Gib mithilfe von Pfeilen eine Zuordnung Name → Lieblingstier so an, dass sie **keine** Funktion ist.

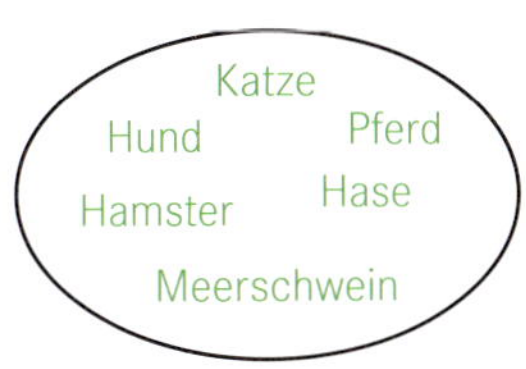

2 Entscheide, ob es sich bei den Zuordnungen um Funktionen handelt. Begründe kurz deine Entscheidung.

a) Alter → Körpergröße
b) Zahl → Quadratzahl
c) Körpergröße → Alter
d) Monate → Anzahl der Tage

3 Gib an, ob der Graph zu einer Funktion gehört oder nicht. Begründe deine Entscheidung.

a)
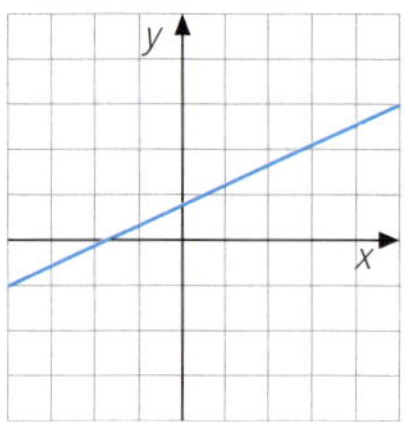

b)
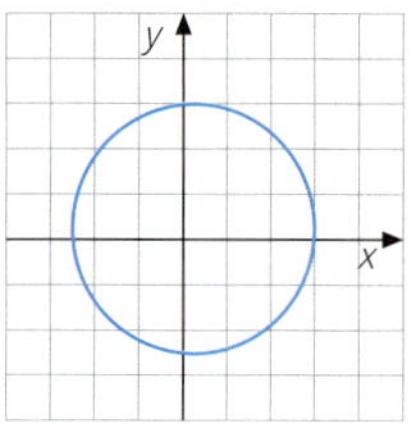

c)
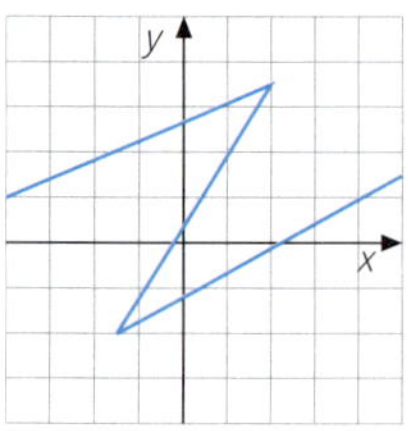

d)
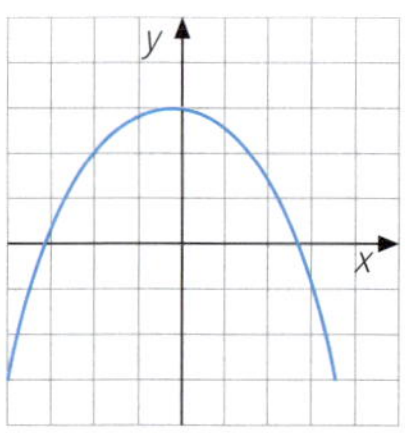

e)
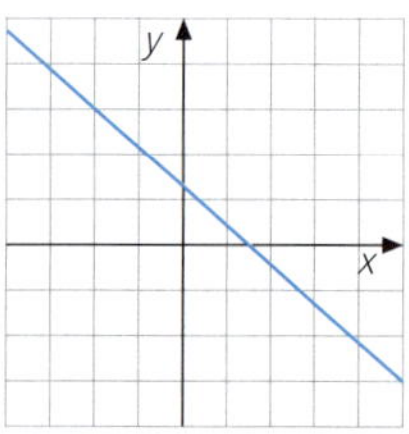

f)
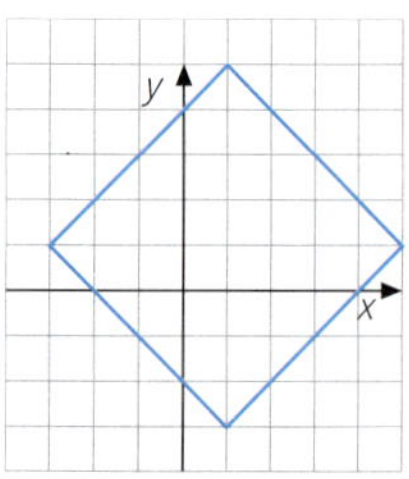

2.2 Darstellung von Funktionen durch Graph und Tabelle

Beispiel

Geburtstagskerze

Die Höhe einer abbrennenden, 6 cm hohen Geburtstagskerze kannst du in unterschiedlichen Abständen messen.

Die Ergebnisse liefern dir die Funktion: Zeit → Höhe.

1. **(Werte-) Tabelle**

   Messung in Minutenabständen:

Zeit (in min)	0	1	2	3	4	5	6	7	8	9	10
Höhe (in cm)	6	5,6	5,2	4,8	4,4	4,0	3,6	3,2	2,8	2,4	2

Hier kannst du direkt die einzelnen Höhen ablesen.

2. (Funktions-) Graph

Messung in Abständen von 30 Sekunden:
Hier erkennst du, dass die Höhe der Kerze gleichmäßig abnimmt. Weil die Kerze während der ganzen Zeitspanne brennt, darfst du die Punkte zu einer Geraden verbinden. Mithilfe des Graphen kannst du auch Höhen zu anderen Zeiten ablesen.

Beispiel: 2,5 min → 5 cm

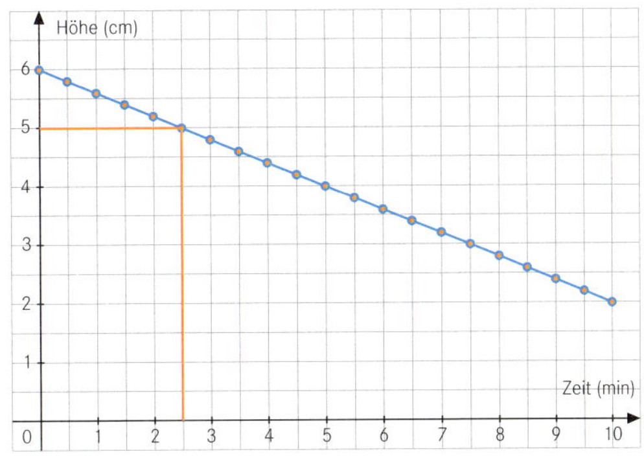

Hinweis Der Graph einer Funktion kann auch eine Kurve sein (↗ Aufgabe 3 b, Seite 18).

Die Ergebnisse solcher Messungen kannst du als Wertepaare auffassen und in eine **Wertetabelle** eingetragen. In einer Wertetabelle werden immer zwei Größen einander zugeordnet. Die Wertepaare trägst du als Punkte in ein Koordinatensystem ein. Verbindest du die Punkte zu einer Geraden oder zu einer Kurve, erhältst du den Funktionsgraphen einer Funktion.

1 Ergänze die Wertetabelle.

a) Lies in Beispiel 1 die entsprechenden Kerzenhöhen aus dem Graphen der Beispielaufgabe ab.

Zeit (in min)	0,5	1,5	2,5	4,5	7,5	8,5	9,5
Höhe (in cm)			5				

b) Zu welchem Zeitpunkt hat die Kerze eine Höhe von 4,6 cm?

2 Zeichne mithilfe der Wertetabelle den Graphen der Funktion.

Abbrennhöhe einer Kerze: Zeit → Höhe

Zeit (in min)	0	1	2	3	4	5	8	7	8
Höhe (in cm)	5,5	5	4,5	4	3,5	3	2,5	2	1,5

3 **Vervollständige anhand des Graphen die Tabelle.**

a)

x	-6		-2	0	2		6
y	1	0			3	4	

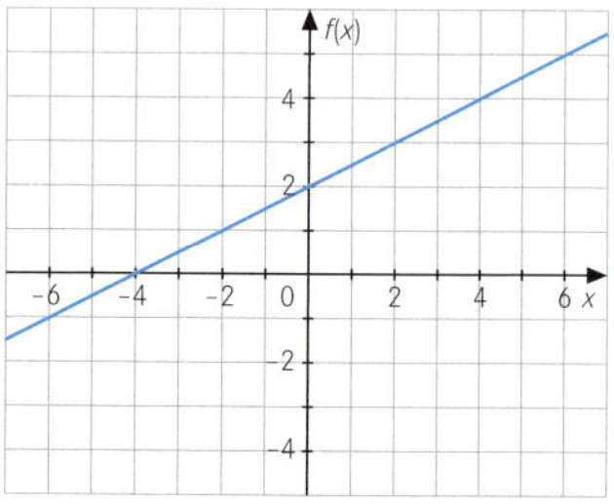

b)

x	-6		-2		2		6
y		0	3	4		0	-5

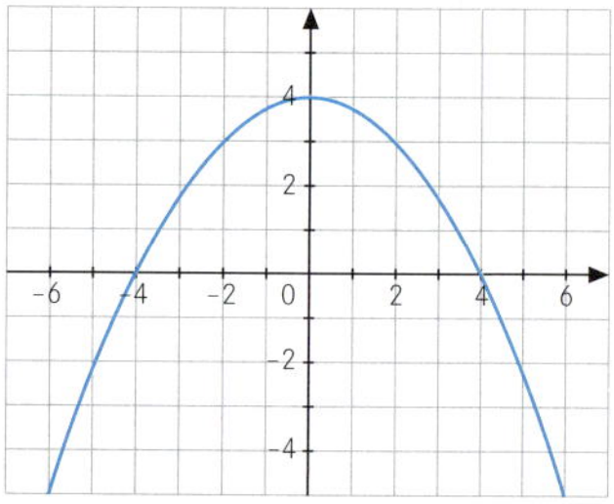

2.3 Funktionsgleichung und lineare Funktion

Darum geht es

Du hast bereits gelernt, was Funktionen sind und wie ihr Graph aussehen kann. Jetzt betrachten wir die Zuordnung bei Funktionen genauer.
Wie funktioniert eine Zuordnung und wie formuliert man eine Funktionsvorschrift?
Dabei lernst du auch eine spezielle Funktion kennen, die lineare Funktion.

Erinnere dich

Du hast bereits Terme mit zwei Variablen als Rechenvorschriften und Gleichungen kennengelernt.
Beispiel: $y = x + 2$
Für x kannst du verschiedene Werte einsetzen. Du erhältst dann jeweils einen Wert für y. Die Wertepaare $(x|y)$ erfüllen die Gleichung. Die Tabelle zeigt dir ganzzahlige Wertepaare im Bereich von -4 und 4:

x	-4	-3	-2	-1	0	1	2	3	4
$y = x + 2$	-2	-1	0	1	2	3	4	5	6

Aus den vorangehenden Abschnitten weißt du, dass mit dieser Tabelle eine Funktion $x \rightarrow y$ vorliegt.
Im Folgenden lernst du, welche Rolle die Gleichung für die Formulierung und die Darstellung einer Funktion spielt.

Zum Beispiel:

Gleichung: $y = x + 2$

↓

Funktion: $x \rightarrow y$ ⟶ Funktionsgleichung: $f(x) = x + 2$

$f(-1) = -1 + 2 = 1$

oder

$f(2) = 2 + 2 = 4$

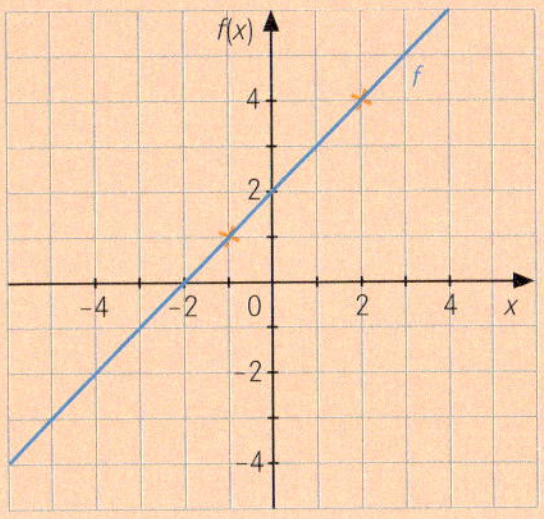

⟵

x	-4	-3	-2	-1	0	1	2
$f(x)$	-2	-1	0	1	2	3	4

Funktionsgleichung

Zum Beispiel: Da eine Funktion f jeder Variablen x eindeutig einen Funktionswert y zuordnet, handelt es sich bei der Zuordnungsvorschrift $f\colon x \rightarrow y$ um eine Funktionsvorschrift. Durch Einsetzen des Funktionsterms $x + 2$ erhältst du $f\colon x \rightarrow x + 2$. Diese Funktionsvorschrift kannst du auch als Funktionsgleichung formulieren: $f(x) = x + 2$.

	Funktionsname	
Funktionsvorschrift	$f\colon x \rightarrow x + 2$	Funktionsterm
Funktionsgleichung	$f(x) = x + 2$	Funktionsterm
	Funktionswert *„Funktionswert an der Stelle x“*	

Beachte Der Doppelpunkt in der Funktionsvorschrift f: ist kein Rechenzeichen, sondern bedeutet, dass nun festgelegt wird, wie die Zuordnung *funktioniert*.

Regel

Mithilfe einer Funktionsgleichung kannst du zu jedem x-Wert den zugehörigen Funktionswert berechnen.

Beispiel: $f(x) = x + 10$

$f(3) = 3 + 10 = 13$ *„Der Funktionswert an der Stelle 3 ist gleich 13.“*

1 **Berechne die fehlenden Funktionswerte zur Funktion $f: x \rightarrow 2x$.**
Beispiel: $f(1) = 2 \cdot 1 = 2$ und $f(3) = 2 \cdot 3 = 6$

x	1	2	3	4	5	6,5	10	13
$f(x)$	2		6					

2 **Zeichne den Graphen zur Funktion $f: x \rightarrow -0{,}5x - 1$, mit $-6 \leq x \leq 4$. Vervollständige zunächst die Tabelle.**

x	−6	−5	−4	−3	−2	−1	0	1	2	3	4
$f(x)$	2					−0,5	−1	−1,5			−3

3 **Erstelle ebenso jeweils eine geeignete Tabelle und zeichne den Graphen zu den Funktionen.**

a) $f: x \rightarrow 0{,}5x$, für $-4 \leq x \leq 4$

b) $g: x \rightarrow -x + 2$, für $-4 \leq x \leq 4$

Die Punktprobe

Beispiel: Ist eine Funktion $f: x \rightarrow x + 2$ gegeben, dann kannst du überprüfen, ob zwei Punkte $P(2\,|\,3)$ und $Q(-3\,|\,-1)$ zum Graphen der Funktion gehören.
Rechnung: Setze die x-Werte in die Funktionsgleichung $f(x) = x + 2$ ein.
Punkt P: $f(2) = 2 + 2 = 4 \neq 3$. Der Funktionswert stimmt nicht mit der y-Koordinate überein. P liegt nicht auf dem Graphen von f.
Punkt Q: $f(-3) = -3 + 2 = -1 = -1$. Der Funktionswert stimmt mit der y-Koordinate überein. Q liegt auf dem Graphen von f.
Überprüfe rechnerisch, ob die Punkte $A(5\,|\,7)$ und $B(-2\,|\,1)$ zum Graphen gehören.

Tipp zu Aufgabe 5

Fehlt eine Koordinate eines Punktes, dann musst du den fehlenden Wert berechnen.
Beispiel: $f(x) = x + 2$, $A(1\,|\,f(1))$, $B(x\,|\,2)$
Punkt A: $f(1) = 1 + 2 = 3$ → Punkt $A(1\,|\,3)$
Punkt B: Setze für $f(x) = 2$

$$2 = x + 2 \qquad |\,-2$$
$$2 - 2 = x$$
$$0 = x$$

→ Punkt $B(0\,|\,2)$

4 **Überprüfe rechnerisch, ob die Punkte auf dem Graphen der Funktion liegen.**

a) $P(2|3)$, $Q(-4|-2)$, $f: x \rightarrow 0{,}5x$ b) $A(6|0)$, $B(-3|1)$, $g: x \rightarrow \frac{1}{3}x - 2$

5 **Ergänze die fehlenden Koordinaten, sodass die Punkte auf dem Graphen der Funktion liegen.**

a) $f: x \rightarrow x - 3$, $A(4|\;\;)$, $B(1|\;\;)$ b) $f: x \rightarrow x + 4$, $A(\;\;|4)$, $B(\;\;|2)$

Einige Graphen, die du bisher gezeichnet hast, sind als Geraden darstellbar. Entsprechende Funktionen dazu sind zum Beispiel: $f: x \rightarrow 2x$ oder $g: x \rightarrow x + 2$.
Solche Funktionen haben einen eigenen Namen.

Lineare Funktionen

Linear heißen alle Funktionen, deren Graphen durch eine Gerade darstellbar sind.
Beispiele:

a)
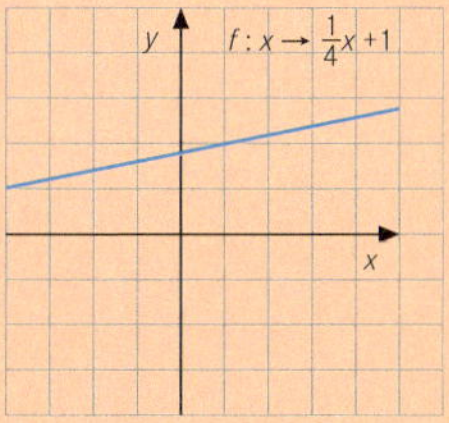

lineare Funktion

b)
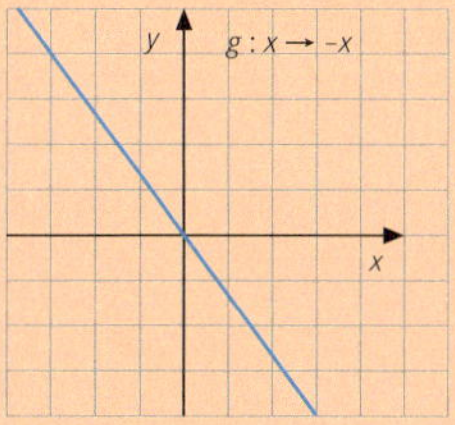

lineare Funktion

c)
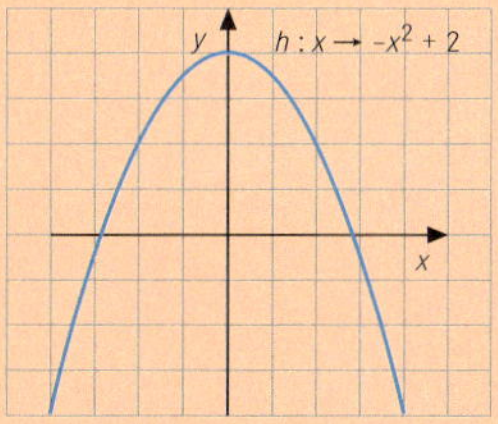

keine lineare Funktion

Tipp zu Aufgabe 6

Geraden sind durch zwei Punkte festgelegt. Da der Graph einer linearen Funktion eine Gerade ist, musst du nur zwei beliebige Punkte mithilfe der entsprechenden Funktionsgleichung berechnen.

Beispiel:
Funktionsvorschrift $f: x \rightarrow x - 1$
Funktionsgleichung $f(x) = x - 1$
Punkt A: $f(0) = 1 \cdot 0 - 1 = -1$ → Punkt $A(0|-1)$
Punkt B: $f(2) = 1 \cdot 2 - 1 = 1$ → Punkt $B(2|1)$

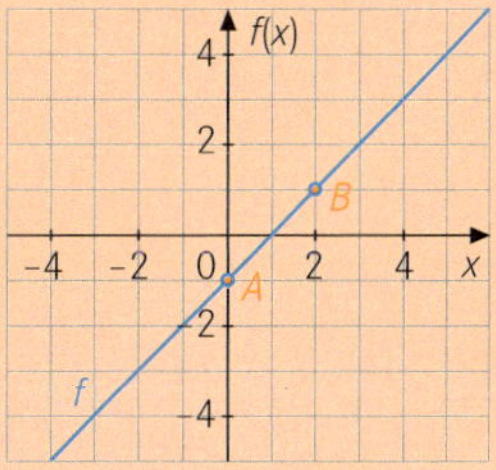

6 **Zeichne die Graphen zu folgenden Funktionen. Berechne zunächst zwei Punkte.**
Tipp Verwende einfache ***x*-Werte** zur Berechnung der Punkte, wie z. B. $A(0\,|\,...)$, $B(1\,|\,...)$.

a) $f: x \to -x$ b) $g: x \to 0{,}5x$ c) $h: x \to 0{,}5x + 3$
d) $k: x \to 0 \cdot x + 1$ e) $m: x \to 0 \cdot x - 3$

Terme linearer Funktionen

Die Funktionsterme linearer Funktionen haben eine gemeinsame Form.
Beispiele:
$f: x \to 1 \cdot x + 2$ $g: x \to 0 \cdot x + 1$
$h: x \to -1 \cdot x + 3$ $k: x \to 2 \cdot x + 0$
$l: x \to 3 \cdot x + (-2)$
Im Term ändern sich jeweils der Faktor vor der Variablen x und der addierte Wert danach.

Merke

Die Funktionsgleichung einer linearen Funktion hat die Form $f(x) = m \cdot x + b$.
Ist $m = 1$ bzw. $m = -1$, schreibt man kurz: $f(x) = x + b$ bzw. $f(x) = -x + b$.
Beispiel: $f(x) = x + 2$ oder $g(x) = -x + 1$

Sonderfälle linearer Funktionen

Proportionale Funktionen
Beispiele:

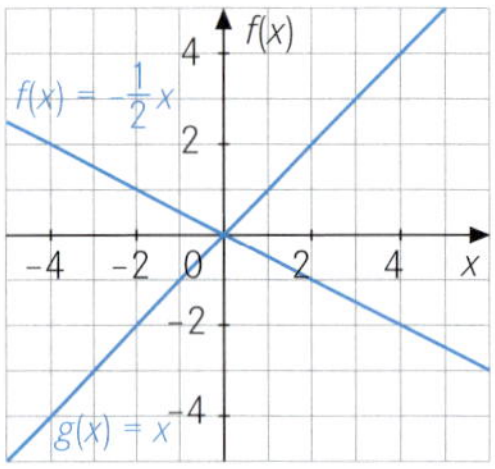

Allgemeine Form:
$b = 0$: $f(x) = m \cdot x$

Parallelen zur *x*-Achse
Beispiele:

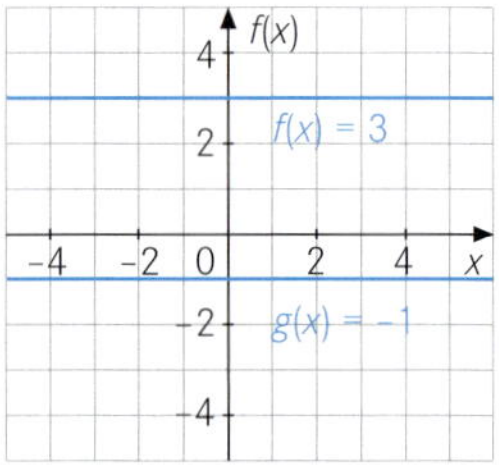

Allgemeine Form:
$m = 0$: $f(x) = b$

7 **Markiere den Funktionsterm proportionaler Funktionen grün und paralleler Geraden rot.**

a) $f(x) = 3x + 1$ b) $f(x) = 3x$ c) $f(x) = -2x$ d) $f(x) = 5$
e) $f(x) = -3{,}7$ f) $f(x) = x - 1$ g) $f(x) = -x$

8 **Zeichne, ohne Punkte zu berechnen, die Graphen der Funktionen.**

a) $f(x) = 1$ b) $g(x) = -3$ c) $k(x) = 1{,}5$

2.4 Merkmale linearer Funktionen

Darum geht es

Ausgehend von der Funktionsgleichung $f(x) = x$ der Ursprungsgeraden beschäftigst du dich in diesem Kapitel mit den linearen Funktionen der Form $f\colon x \rightarrow m \cdot x + b$. Wie verändert sich der Graph der Funktion, wenn du bestimmte Änderungen am Funktionsterm vornimmst?

Merke Der Graph zur proportionalen Funktion $f\colon x \rightarrow x$ ist die **Ursprungsgerade.**

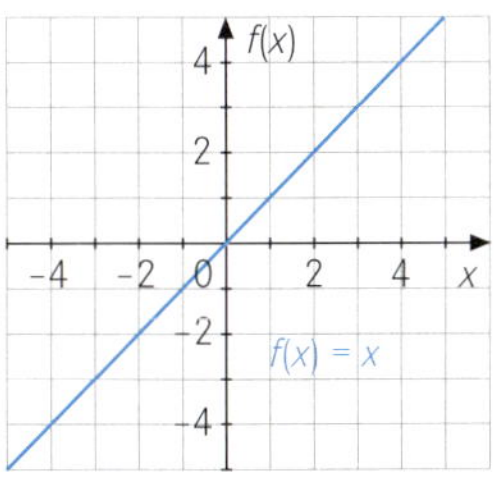

Aus dem vorangehenden Abschnitt weißt du, dass eine lineare Funktion die allgemeine Form $f(x) = m \cdot x + b$ hat. Schau dir in den folgenden Übungen an, welche Veränderung der Faktor m auf die Ursprungsgerade bewirkt.

1 **Zeichne den Graphen der Funktionen $f\colon x \rightarrow \frac{1}{2}x$ und $g\colon x \rightarrow 2x$, für $-4 \leq x \leq 4$. Lege eine Tabelle an.**

x	-4	-3	-2	-1	0	1	2	3	4
$f(x)$	-2				0				2
$g(x)$	-8				0				8

2 **Zeichne den Graphen zur Funktion $f\colon x \rightarrow -x$.**

3 **Zeichne ebenso den Graphen der Funktionen $f\colon x \rightarrow -\frac{1}{2}x$ und $g\colon x \rightarrow -2x$, für $-4 \leq x \leq 4$.**

Steigung der Geraden

Beispiele:

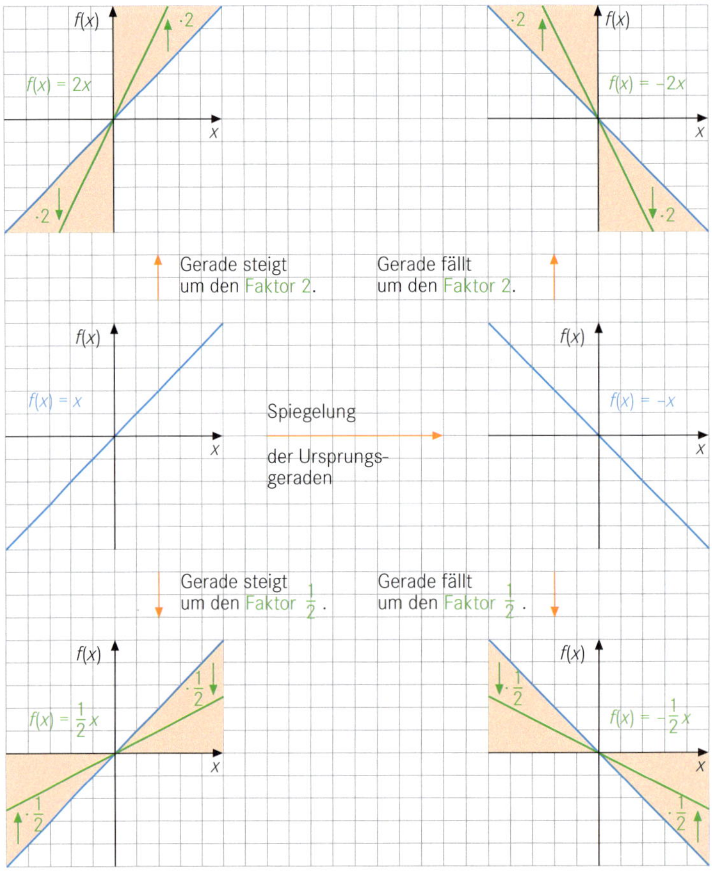

Die Steigung

$f(x) = m \cdot x$

↑ Gerade steigt um den Faktor m (positive Steigung)

$f(x) = x$ → ***m* ist die „Steigung" einer Geraden**

↓ Gerade fällt um den Faktor m (negative Steigung)

$f(x) = -m \cdot x$

4 Steigung: Zeichne den Graphen der Funktionen $f: x \rightarrow x + 2$ und $g: x \rightarrow x - 2$, für $-4 \leq x \leq 4$. Lege eine Tabelle an.

x	-4	-3	-2	-1	0	1	2	3	4
$f(x)$	-2				2				6
$g(x)$	-6				-2				2

Betrachte nun, wie sich das b der allgemeinen Funktionsgleichung $f(x) = m \cdot x + b$ auf die Ursprungsgerade auswirkt.

Verschiebung der Ursprungsgeraden

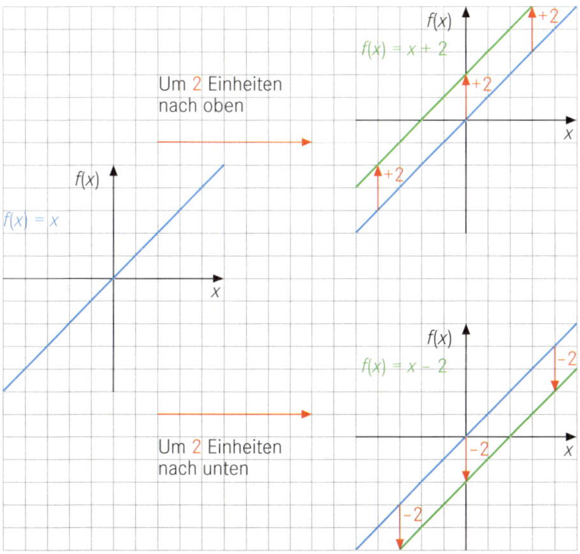

Die Verschiebung

$f(x) = x + b$
↑ *um b Einheiten nach oben*
$f(x) = x$
↓ um b Einheiten nach unten
$f(x) = x - b$

→ **b ist der „y-Achsenabschnitt"**

Info Du kannst Steigung und Verschiebung miteinander verketten, das heißt nacheinander ausführen. Schau dir dazu in der Grafik die Funktion $f(x) = \frac{1}{2}x - 2$ an, die von der Ursprungsgeraden ausgehend entwickelt wird.

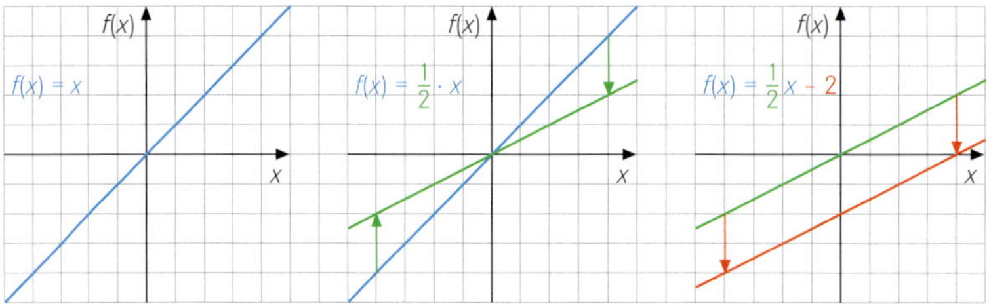

Lage der Funktionsgraphen

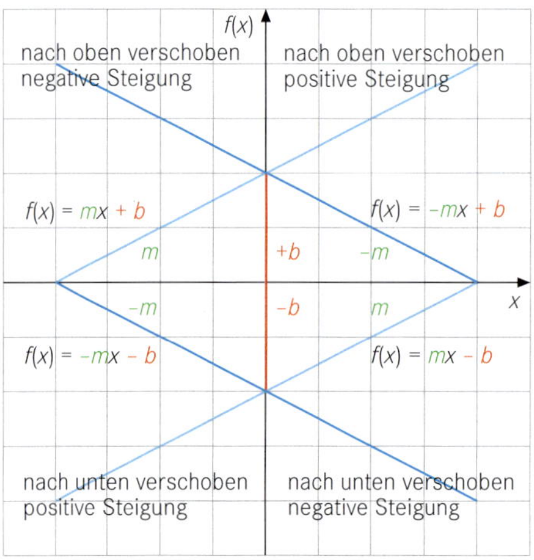

5 **Beschreibe anhand des Funktionsterms den Verlauf des Graphen. Zeichne den Graphen.**

Beispiele:

a) $f(x) = x - 1$
„Die Gerade ist um 1 Einheit nach unten verschoben."

b) $f(x) = 1{,}5x$
„Die Gerade steigt um den Faktor 1,5."

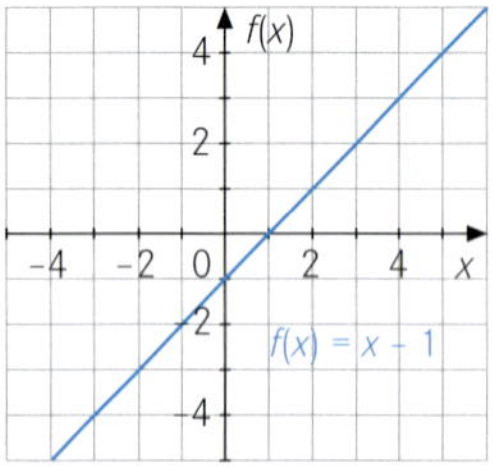

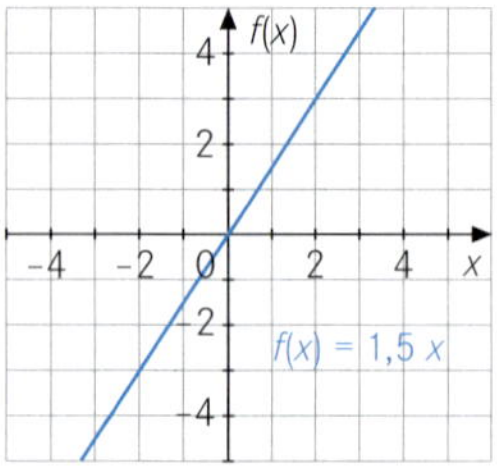

a) Verschobene Geraden:

1. $f(x) = x + 3$ 2. $f(x) = x - 7$ 3. $f(x) = x + 1{,}5$

4. $f(x) = x - 5$ 5. $f(x) = x - 3{,}25$ 6. $f(x) = x + \frac{1}{2}$

b) Geraden mit unterschiedlichen Steigungen:

1. $f(x) = 3x$ 2. $f(x) = \frac{1}{3}x$ 3. $f(x) = -x$

4. $f(x) = -7x$ 5. $f(x) = 3{,}2x$ 6. $f(x) = -0{,}7x$

6 Beschreibe ohne Zeichnung den Verlauf des Graphen.

Beispiel: $f(x) = 1{,}5x - 2{,}5$

„Die Gerade steigt um den Faktor 1,5 und ist um 2,5 Einheiten nach unten verschoben."

a) $f(x) = 3x + 1$ b) $f(x) = -\frac{1}{3}x + 2$ c) $f(x) = -x - 4$

d) $f(x) = 7x - 1{,}5$ e) $f(x) = x + 1{,}2$ f) $f(x) = -0{,}7x - 1$

2.5 Bestimmung linearer Funktionen

Darum geht es

Mithilfe eines Graphen beziehungsweise zweier gegebener Punkte kannst du eine Funktionsgleichung entwickeln.

In Funktionsgleichungen der Form $f(x) = x + b$ bzw. $f(x) = x - b$ wird die Ursprungsgerade um b nach oben bzw. um b nach unten verschoben. Den Wert für b liefert dir auch der Graph einer solchen Funktion. Den y-Achsenabschnitt kannst du ebenfalls direkt am Graphen ablesen.

Beispiel a: $f(x) = x + 1$

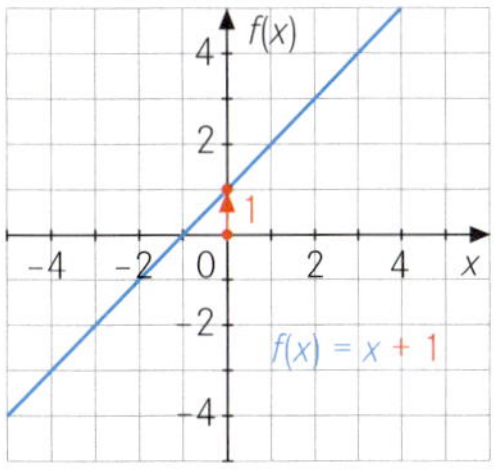

Beispiel b: $f(x) = x - 1{,}5$

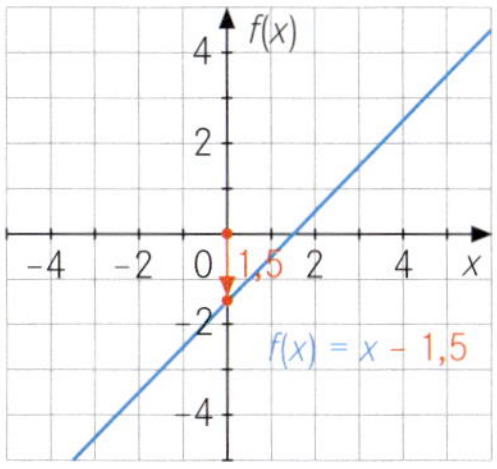

1 **Vervollständige mithilfe des Graphen den Funktionsterm.**

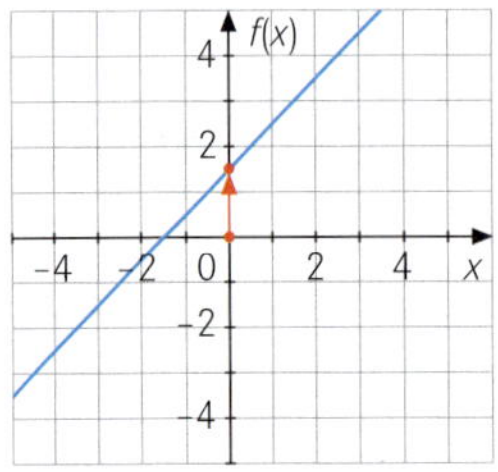

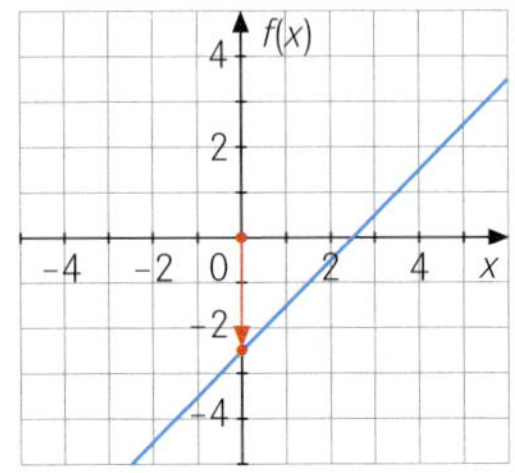

$f: x \to x$

$f(x) = x$

Steigungsdreieck

Der Graph einer linearen Funktion besitzt eine Steigung. Die Steigung kannst du mithilfe eines Dreiecks verdeutlichen.
Größe und Position des Dreiecks spielen dabei für die Steigung keine Rolle.

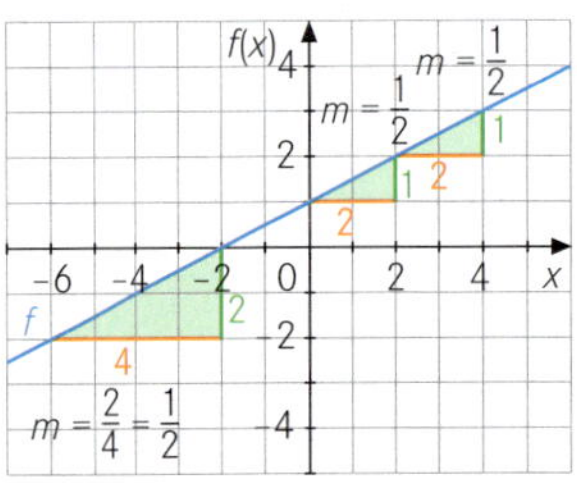

Den Wert der Steigung erhältst du aus dem Verhältnis zwischen „Höhe" und „Breite" eines eingezeichneten Dreiecks:

$m = \frac{\text{„Höhe"}}{\text{„Breite"}}$.

Beispiel: Bestimme jeweils die Funktion zu den dargestellten Geraden. Wähle zunächst zwei Punkte auf der Geraden, die auf Gitterpunkten des Koordinatensystems liegen. Zeichne dann ein Steigungsdreieck ein.

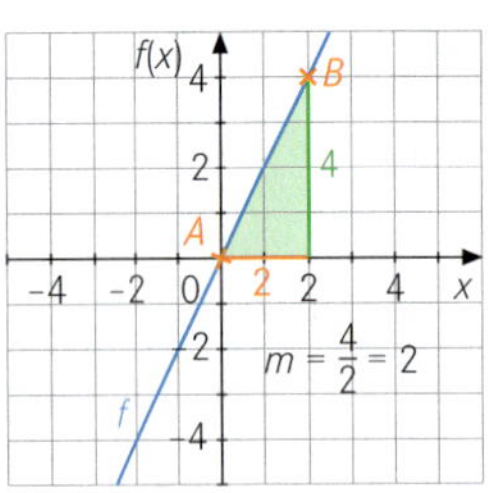

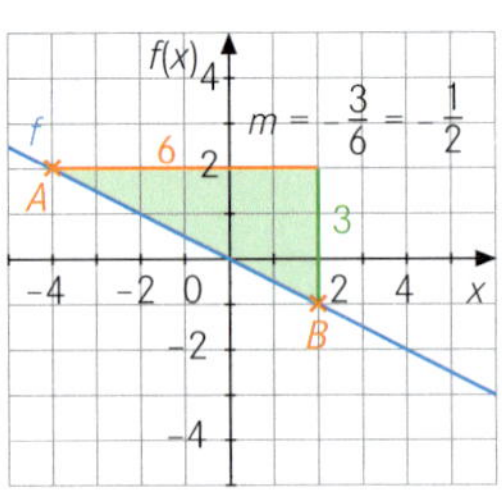

Die Gerade fällt, daher muss die Steigung negativ sein: $m = -\frac{\text{„Höhe"}}{\text{„Breite"}} = -\frac{3}{6} = -\frac{1}{2}$.

2 Ergänze die fehlenden Werte im Steigungsdreieck und bestimme die Steigung. Kürze, wenn möglich.

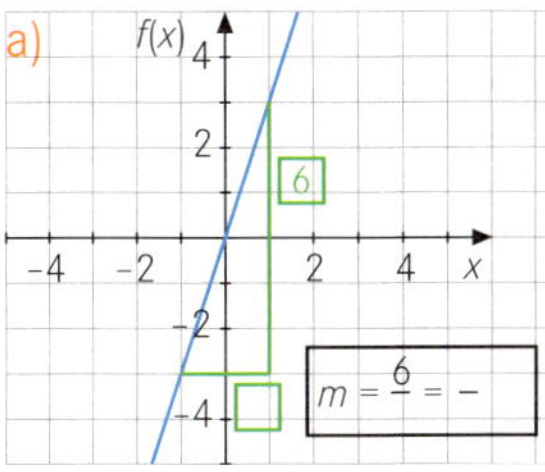

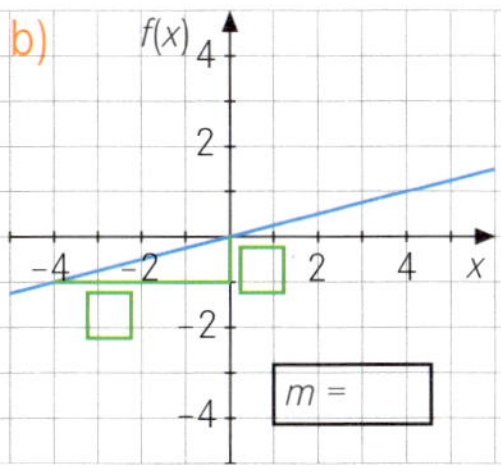

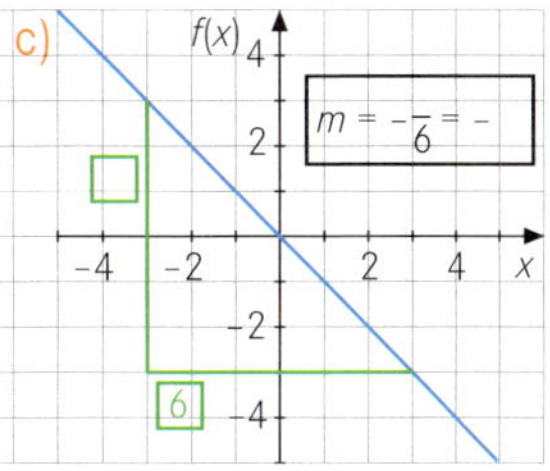

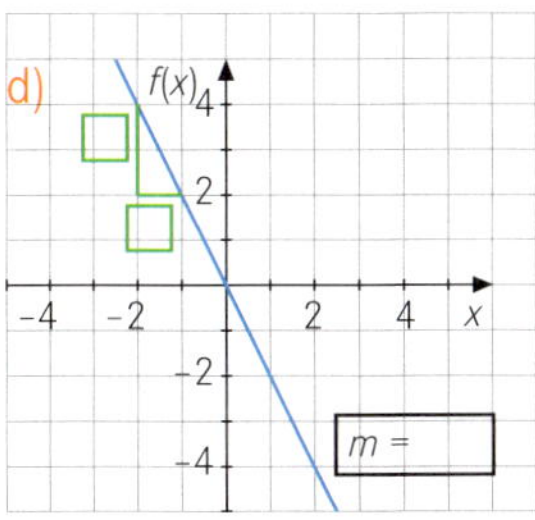

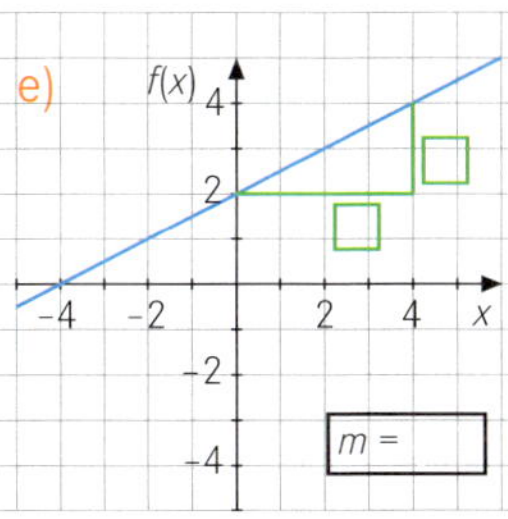

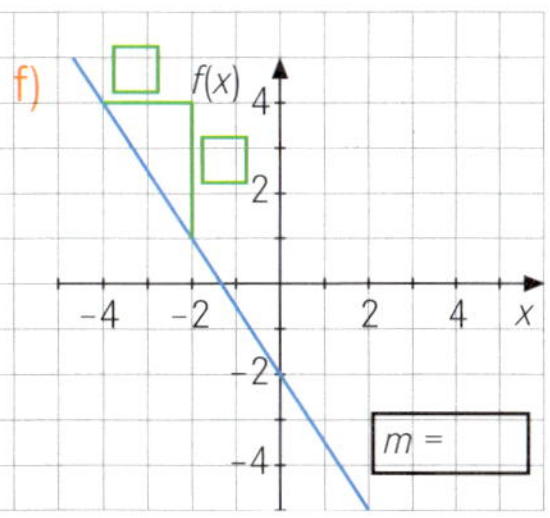

3 Gib die Funktionsgleichung zum Graphen an. Berücksichtige dabei auch den *y*-Achsenabschnitt.

Beispiel:

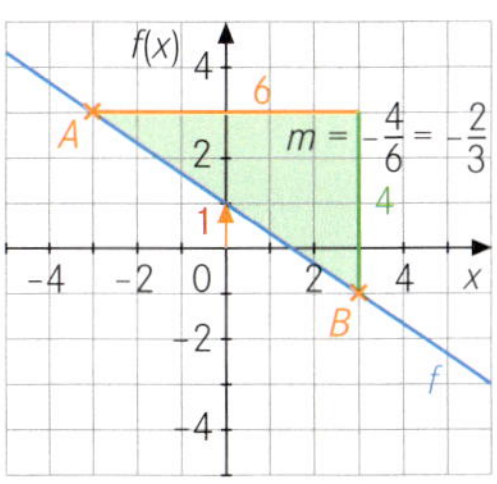

Ergebnis: $f(x) = -\frac{2}{3}x + 1$

a)

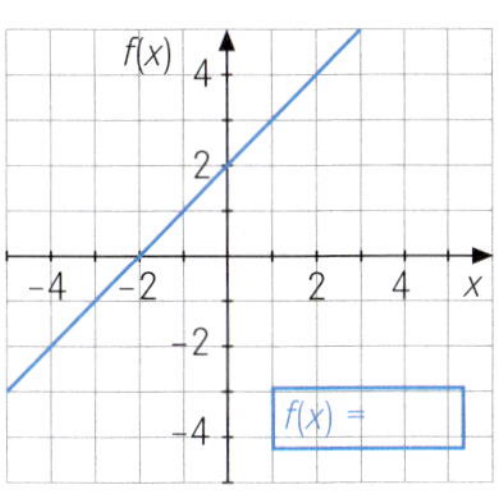

b)

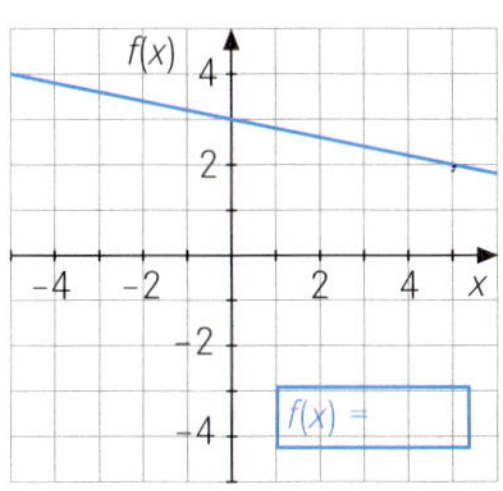

c)

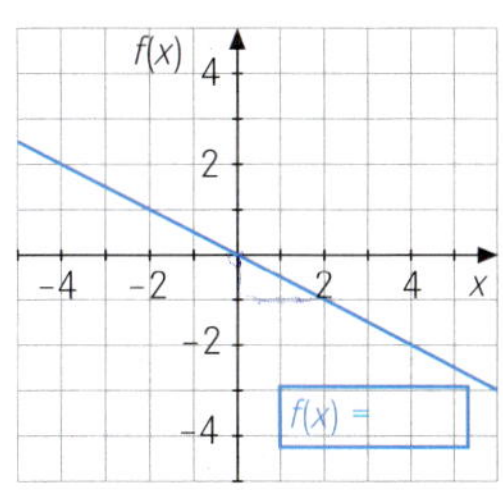

Funktionsgraphen zeichnen

Du kannst mithilfe des Steigungsdreiecks ohne Berechnen zweier Punkte den Graphen einer Funktion zeichnen.

Beispiel: Zeichne die Graphen zur Funktion $f\colon x \rightarrow -\frac{3}{4}x + 1{,}5$.

Der Funktion entnimmst du: $m = -\frac{3}{4}$ und $b = 1{,}5$.

Schau dir folgende Vorgehensweise genau an:

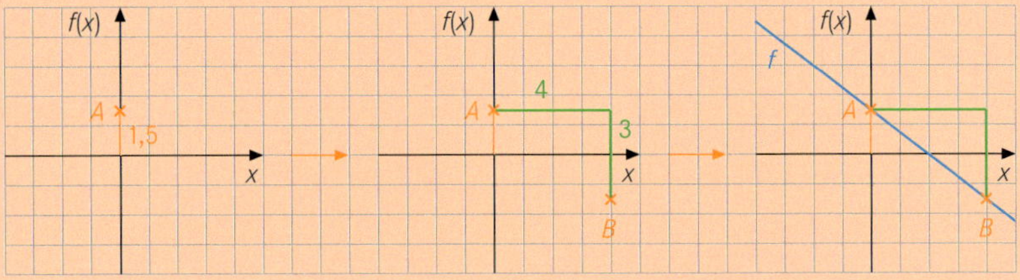

Setze im Achsenabschnitt bei 1,5 Punkt *A*.

Gehe von *A* 4 nach rechts und 3 nach unten. Setze dort Punkt *B*.

Zeichne die Gerade *f* durch die Punkte *A* und *B*.

Merke

Ist der Wert der Steigung eine ganze Zahl, dann wählst du für die „Breite" des Steigungsdreiecks immer den Wert 1.

Beispiel: $f\colon x \rightarrow 2x - 3$

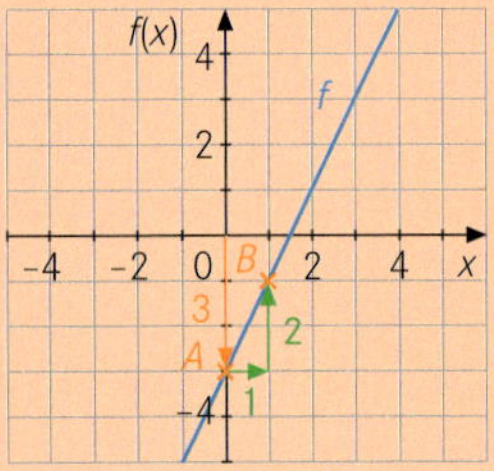

4 **Zeichne den Graphen der linearen Funktion mithilfe des Steigungsdreiecks.**

a) $f\colon x \rightarrow 2x + 1$

b) $g\colon x \rightarrow -\frac{1}{2}x + 3$

c) $h\colon x \rightarrow x - 2$

d) $k\colon x \rightarrow -x + 0{,}5$

e) $m\colon x \rightarrow -\frac{3}{4}x$

f) $n\colon x \rightarrow -\frac{4}{3}x$

Aufstellen der Funktionsgleichung

Der Graph einer linearen Funktion ist eine Gerade und durch zwei Punkte eindeutig bestimmt. Deswegen genügen zwei Punkte, um eine lineare Funktion zu bestimmen.
Im Beispiel ist die Berechnung der Steigung anhand der Punkte verdeutlicht.

Beispiel: Gib die Funktion an, deren Graph durch die Punkte $A(4\,|\,2)$ und $P(8\,|\,5)$ verläuft.

1. Schritt: Bestimmung der Steigung

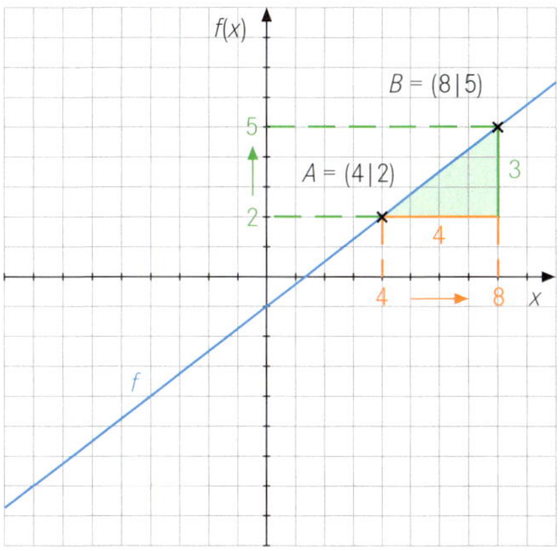

Betrachte genau das eingezeichnete Steigungsdreieck. Die Werte für die „Höhe" und die „Breite" erhältst du, indem du die y-Koordinaten bzw. x-Koordinaten der Punkte voneinander abziehst:
Für die **Steigung** gilt:

$$m = \frac{\text{„Höhe"}}{\text{„Breite"}} = \frac{5-2}{8-4} = \frac{3}{4}.$$

2. Schritt: Berechnung des ***y*-Achsenabschnitts:**
   Als Funktionsgleichung erhältst du nun: $f(x) = \frac{3}{4} \cdot x + b$.
   Der Punkt $A(4\,|\,2)$ der Geraden muss diese Gleichung erfüllen.
   Setze die Koordinaten in die Gleichung ein:

$$\begin{aligned} 2 &= \tfrac{3}{4} \cdot 4 + b \\ 2 &= 3 + b \qquad | -3 \\ -3 + 2 &= b \\ -1 &= b \end{aligned}$$

3. Schritt: Als **Funktionsgleichung** erhältst du nun: $\boldsymbol{f(x) = \frac{3}{4} \cdot x - 1}$.

5 Bestimme die Funktionsgleichung der Geraden durch die Punkte *A* und *B*.

a) $A(1\,|\,1)$; $B(2\,|\,2)$
b) $A(1\,|\,1)$; $B(5\,|\,2)$
c) $A(0\,|\,3)$; $B(2\,|\,1)$
d) $A(-2\,|\,-1)$; $B(1\,|\,1)$
e) $A(1\,|\,-1{,}5)$; $B(2\,|\,-4{,}5)$
f) $A(-4\,|\,3)$; $B(3\,|\,2)$

6 Bestimme die Gleichung der Geraden durch den Punkt *P* mit der Steigung *m*.

a) $P(0\,|\,3)$; $m = -\frac{1}{4}$
b) $P(1\,|\,1)$; $m = \frac{1}{3}$
c) $P(-2\,|\,1)$; $m = 0$
d) $P(-1\,|\,-3)$; $m = 2$
e) $P(-1{,}5\,|\,1)$; $m = -1$
f) $P(1{,}5\,|\,-3)$; $m = 3$

2.6 Lineare Gleichungen

Darum geht es

In diesem Kapitel erfährst du, wie du Funktionsgraphen und Funktionsgleichungen nutzen kannst, um lineare Gleichungen der Form $a \cdot x + b = c$ grafisch zu lösen. Umgekehrt lernst du auch, wie du mithilfe von linearen Gleichungen Nullstellen berechnen kannst.

Aus den vorangehenden Kapiteln weißt du, dass alle Graphen linearer Funktionen an der Stelle $x = 0$ einen Schnittpunkt mit der y-Achse haben, den y-Achsenabschnitt. Wir wollen nun untersuchen, wann ein Graph die x-Achse schneidet.

Beispiel a:

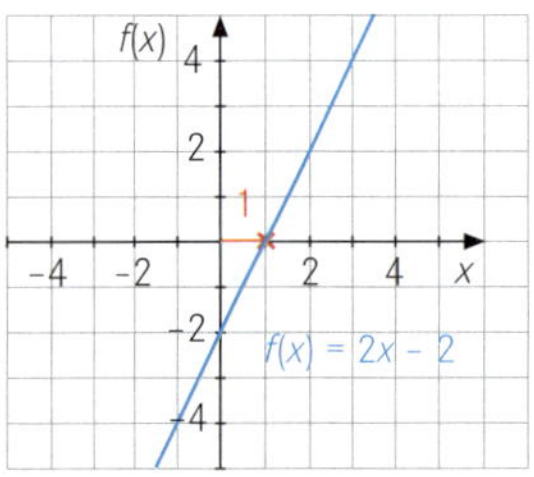

Schnittpunkt für $x = 1$

$f(1) = 2 \cdot 1 - 2 = 0$

Beispiel b:

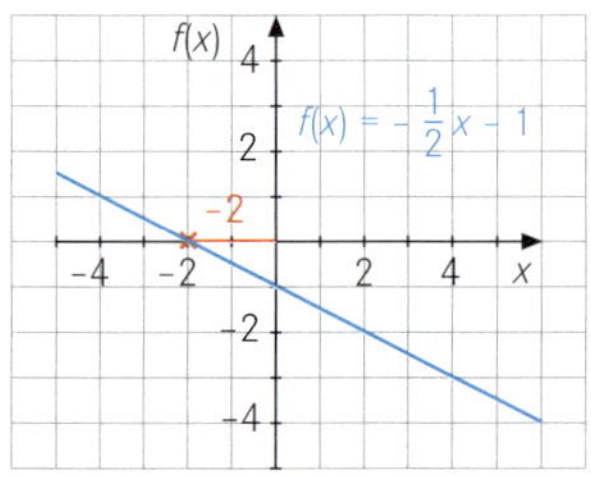

Schnittpunkt für $x = -2$

$f(-2) = -\frac{1}{2} \cdot (-2) - 1 = 0$

Beispiel c:

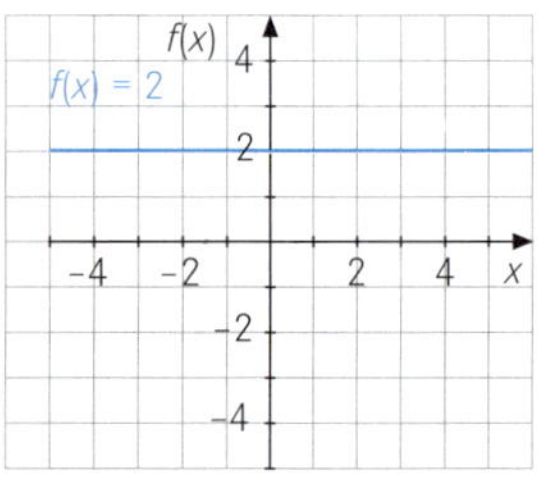

kein Schnittpunkt, da die Steigung $m = 0$ ist

Die Schnittstellen ergeben in den beiden ersten Fällen den Funktionswert 0. Der Graph schneidet also dann die x-Achse, wenn die Funktionsgleichung den Wert 0 annimmt.

Diese Beobachtung kannst du verallgemeinern:

Merke

Der Schnittpunkt der Funktion $f(x) = a \cdot x + b$ mit der x-Achse liefert die Lösung der linearen Gleichung $a \cdot x + b = 0$. Für die Steigung a gilt $a \neq 0$.

Gleichungen der Form $ax + b = 0$ heißen lineare Gleichungen mit einer Variablen. Beim rechnerischen Lösen dieser Gleichungen formst du diese so um, dass die Variable x auf einer Seite der Gleichung steht.

Beispiel:

$-x + 2 = 0 \quad | -2$

$x = 2$

Wie du die linearen Gleichung $-x + 2 = 0$ grafisch lösen kannst zeigt dir das Beispiel zur nachfolgenden Aufgabe 1.

1 **Lies die Lösung der linearen Gleichung anhand des Graphen ab.**

Beispiel:

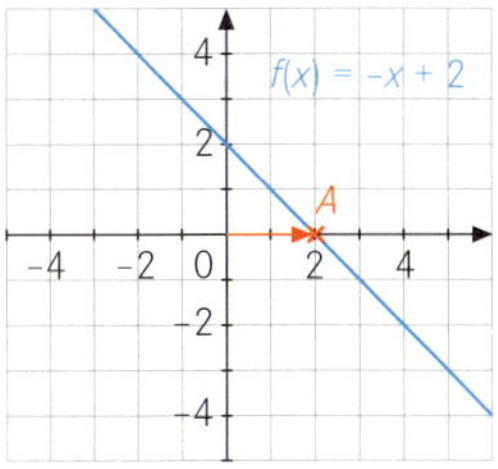

Gleichung $-x + 2 = 0$

Die Gleichung $-x + 2 = 0$ hat die Lösung $x = 2$.

a) $-\frac{1}{2}x + 1 = 0$

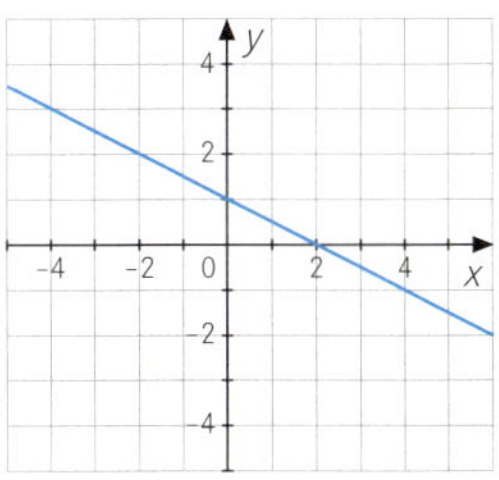

$x =$ 2

b) $\frac{1}{2}x + 1{,}5 = 0$

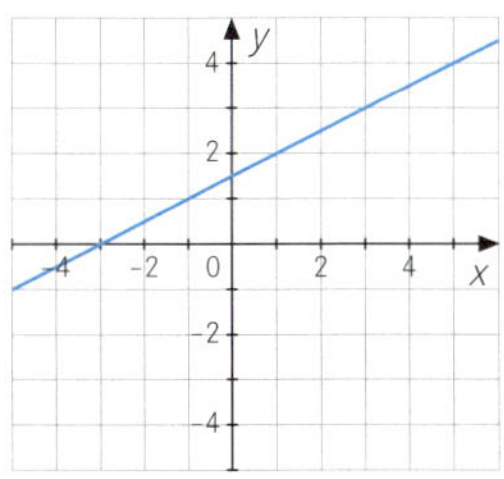

$x =$

c) $-x + 2 = 0$

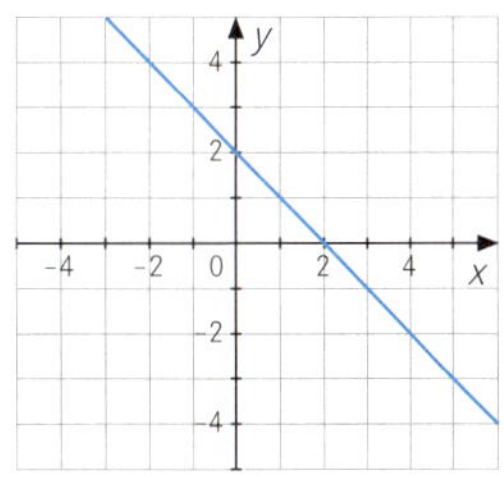

$x =$

d) $-x - 3 = 0$

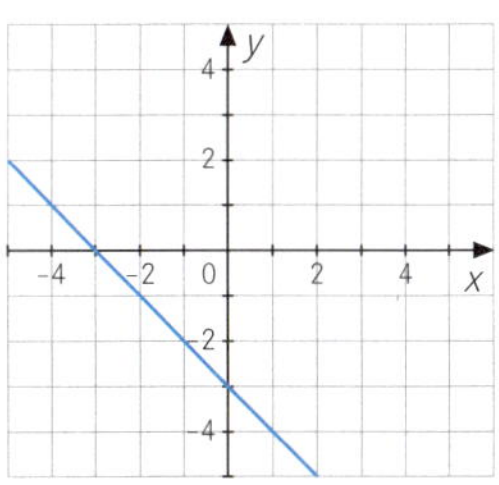

$x =$

e) $\frac{1}{4}x - 0{,}25 = 0$

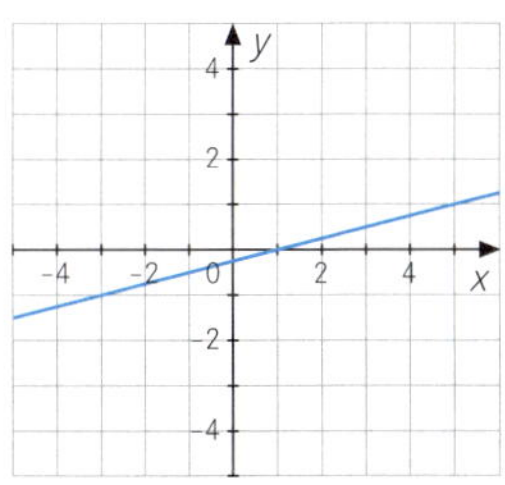

$x =$

f) $-\frac{1}{2}x - 0{,}5 = 0$

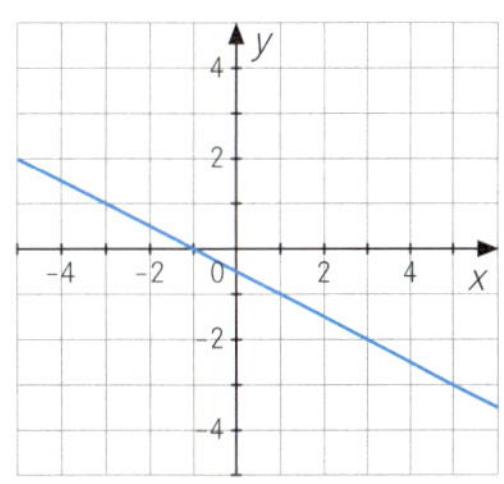

$x =$

2 **Bestimme grafisch die Lösung der linearen Gleichung. Zeichne dazu mithilfe des angegebenen Terms einen Graphen.**

a) $x + 1 = 0$

b) $x - 3 = 0$

c) $-\frac{1}{2}x + 1{,}5 = 0$

d) $2x - 1 = 0$

e) $-2x + 1{,}5 = 0$

f) $\frac{1}{4}x + 1 = 0$

Bei einigen Gleichungen ist es bereits schwierig, die Lösung genau abzulesen. Wir werden uns im Folgenden der rechnerischen Lösung zuwenden.

Die Nullstelle

Die Schnittstelle des Graphen mit der x-Achse heißt **Nullstelle.** Zur Berechnung der Nullstelle setzt du den Funktionsterm gleich Null.

Beispiele: Bestimme rechnerisch die Nullstelle der Funktion.

a) $f: x \to 2x - 3$

Setze den Term $2x - 3$ gleich Null, löse dann nach x auf:

$2x - 3 = 0 \quad | + 3$

$2x = 3 \quad | : 2$

$x = 1{,}5$

Die Nullstelle liegt bei $x = 1{,}5$.

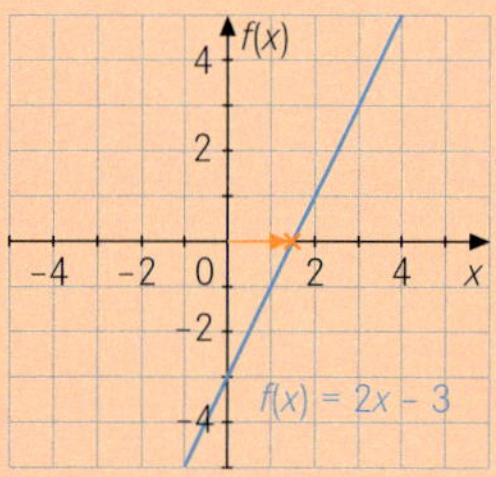

b) $f: x \to 0{,}8x + 1{,}2$

$0{,}8x + 1{,}2 = 0 \quad | - 1{,}2$

$0{,}8x = -1{,}2 \quad | : 0{,}8$

$x = -1{,}5$

Die Nullstelle liegt bei $x = -1{,}5$.

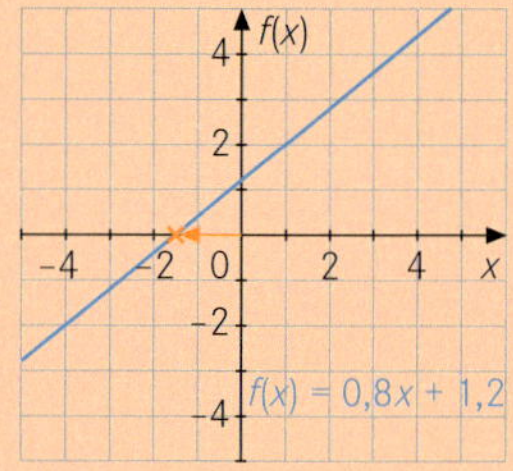

3 **Berechne die Nullstellen der Funktionen.**

a) $f: x \to 4x - 12$ b) $f: x \to x + 13$ c) $f: x \to -2x + 4$

d) $f: x \to \frac{1}{3}x - 1{,}5$ e) $f: x \to \frac{4}{5}x + 2$ f) $f: x \to -\frac{1}{7}x + 0{,}1$

Schnittpunkt mit einer Parallelen zur x-Achse

Bei der Berechnung der Nullstelle hast du bereits den Graphen einer Funktion mit einer Geraden, der x-Achse, geschnitten. Die Funktionsgleichung der Geraden auf der x-Achse lautet $f(x) = 0$.

Jetzt betrachten wir Schnittpunkte mit Parallelen der Form $f(x) = c$. Schau dir dazu folgenden Graphen genau an.

Beispiel:

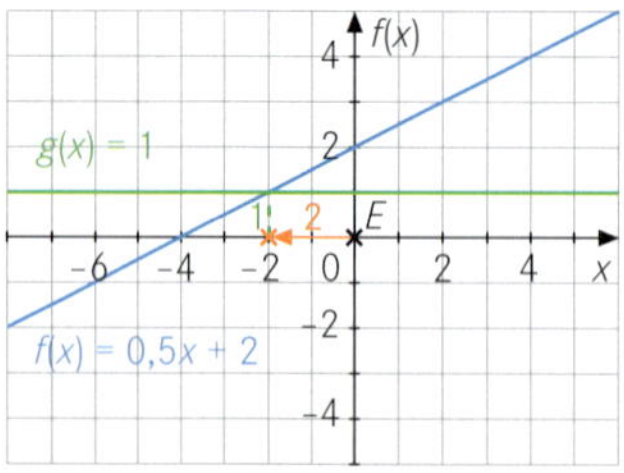

Die beiden Funktionen haben an der Stelle $x = -2$ einen gemeinsamen Funktionswert, nämlich 1. Da der Funktionswert der Funktion $g: x \to 1$ stets 1 ist, musst du nur nach einem x suchen, sodass der Funktionswert der Funktion $f: x \to 0{,}5x + 2$ ebenfalls 1 ergibt.
Das entspricht dem Lösen der Gleichung
$0{,}5 \cdot x + 2 = 1$.

$$\begin{aligned} 0{,}5 \cdot x + 2 &= 1 \quad &| -2 \\ 0{,}5 \cdot x &= -1 \quad &| : 0{,}5 \\ x &= -2 \end{aligned}$$

Merksatz

Die Schnittstelle der Funktionen $f: x \to ax + b$ und $g: x \to c$ ist die Lösung der linearen Gleichung $a \cdot x + b = c$.
Beispiel: Löse die Gleichung $-\frac{1}{4} \cdot x + 4 = 2{,}75$
rechnerisch und grafisch.

Löse nach x auf:

$$\begin{aligned} -\tfrac{1}{4} \cdot x + 4 &= 2{,}75 \quad &| -4 \\ -\tfrac{1}{4} \cdot x &= -1{,}25 \quad &| : \left(-\tfrac{1}{4}\right) \\ x &= 5 \end{aligned}$$

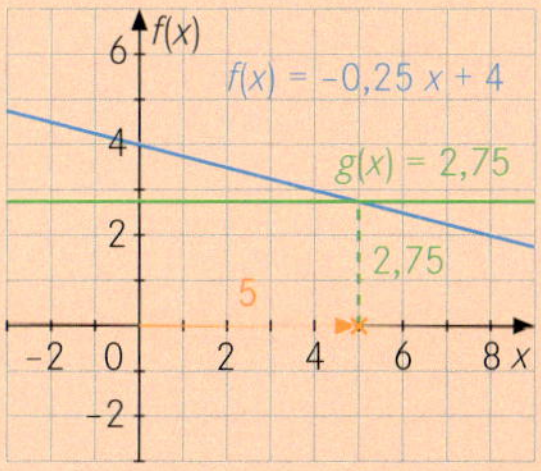

4 **Löse die Gleichungen rechnerisch und grafisch.**

a) $x + 3 = 1$
b) $2x - 4 = 2$
c) $\frac{1}{4}x + 2 = 1$
d) $0{,}2x - 2 = -1{,}8$
e) $-2{,}5x + 1 = -4$
f) $1{,}5 = -x + 4{,}75$

Test Kapitel 2

1 Welche der folgenden Zuordnungen und welche Graphen gehören zu Funktionen, welche nicht? Begründe. | 10 |

a) *f*: Buch → Ladenpreis

b) *g*: Ladenpreis → Buch

c)

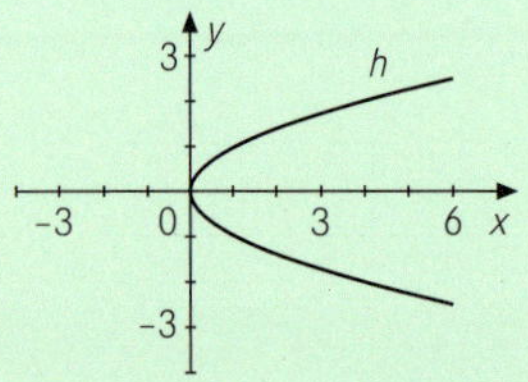

d)

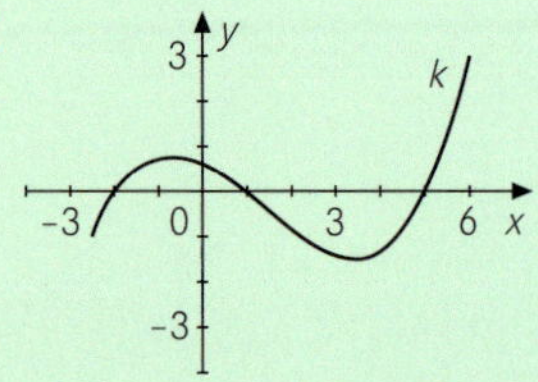

2 Bestimme die Funktionsgleichungen zu den fünf abgebildeten Geraden. | 10 |

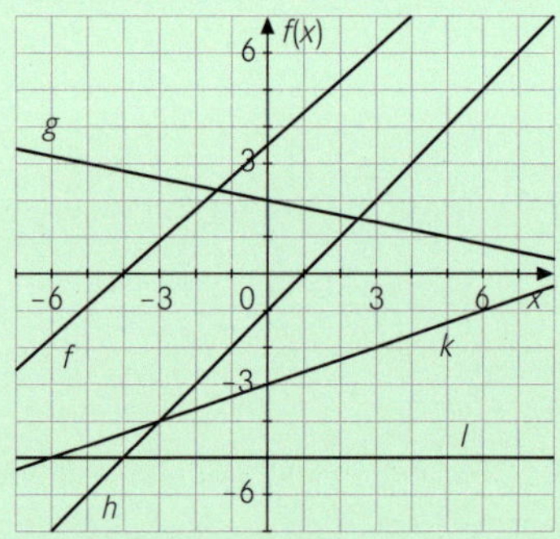

3 Zeichne die Geraden zu folgenden Funktionsgleichungen in ein gemeinsames Koordinatensystem. Gib an, welche der Geraden proportionale Funktionen sind. | 10 |

a) $f(x) = -x + 1$

b) $g(x) = -\frac{1}{3}x + 2$

c) $h(x) = \frac{5}{7}x - 3$

4 Nullstelle und Graph einer Funktion. | 10 |

a) Bestimme durch eine Rechnung die Nullstelle der Funktion $f\colon x \to \frac{1}{8}x - 0{,}2$.

b) Überprüfe, ob die Punkte $P(4\,|\,1{,}5)$ und $Q(-8\,|\,-1{,}2)$ auf dem Graphen von *f* liegen.

5 Steigung und Funktionsgleichung einer Geraden. | 10 |

a) Berechne die Steigung der Geraden durch die Punkte $A(-5\,|\,5)$ und $B(5\,|\,3)$.

b) Bestimme die Funktionsgleichung einer Geraden mit der Steigung aus a), die durch den Punkt $P(1\,|\,-0{,}2)$ verläuft.

|| 50 ||

Wie viele Punkte hast du? Erreichst du mehr als 25 Punkte, beherrschst du den Inhalt des Kapitels wirklich gut. Erreichst du weniger als 13 Punkte, dann solltest du dieses Kapitel wiederholen.

3 LINEARE GLEICHUNGSSYSTEME

Was du schon können musst:

- ▷ Gleichungen nach einer Unbekannten auflösen (↗ S. 11).
- ▷ erklären können, was lineare Gleichungen und lineare Funktionen sind (↗ S. 18 f., 21, 32).
- ▷ zu einer Funktion den Graphen zeichnen (↗ S. 21 f.).
- ▷ zu Sachfragen eine passende Funktionsgleichung aufstellen können.

Darum geht es

- ▶ Systeme linearer Gleichungen rechnerisch und zeichnerisch lösen.
- ▶ Systeme linearer Gleichungen zum Lösen von Sachaufgaben aufstellen.

3.1 Systeme linearer Gleichungen

Darum geht es

Zusammengehörende Gleichungen nennt man **Gleichungssysteme.** Die Lösung eines Gleichungssystems sind die Variablenpaare $(x \mid y)$, die alle Gleichungen des Systems erfüllen.
Sind alle Gleichungen linear (↗ S. 32), ist es ein **lineares Gleichungssystem.**

Beispiele

a) Lineare Gleichungen mit einer Unbekannten kannst du mit Umformungen lösen:

Anna wird in zwei Jahren volljährig (18 Jahre alt). Wie alt ist sie jetzt?
Variable festlegen:
x: Annas jetziges Alter

Gleichung aufstellen und nach der Unbekannten x auflösen:
$x + 2 = 18 \quad | -2$
$x = 18 - 2 = 16$
Antwort: Anna ist jetzt 16 Jahre alt.

b) Lineare Gleichungen mit zwei Unbekannten löst du mit zwei Gleichungen:

Linus sagt: „In einem Jahr bin ich doppelt so alt wie meine Schwester Mirja.“
Mirja ergänzt: „In acht Jahren bin ich so alt wie Linus jetzt!“
Wie alt sind beide?

Variablen festlegen:
x: Mirjas jetziges Alter;
y: Linus’ jetziges Alter
Gleichungen aufstellen:
(I) $y + 1 = 2(x + 1)$
(II) $x + 8 = y$

Im Beispiel a wird *eine* Gleichung mit *einer* Variablen aufgestellt und durch eine einfache Umformung gelöst.
Um die Frage im Beispiel b zu beantworten, stellt man *zwei* Gleichungen mit *zwei* Variablen auf. Gleiche Variablen stehen in den Gleichungen für denselben (noch unbekannten) Wert: Im Beispiel steht x für Mirjas und y für Linus' Alter. Wie man ihre Werte bestimmt, wird in den folgenden Kapiteln erläutert und geübt.

Info Gleichungssysteme können aus vielen Gleichungen mit vielen Variablen bestehen. In der 8. Klasse werden normalerweise nur Systeme behandelt, die aus zwei linearen Gleichungen mit zwei Variablen bestehen.

3.2 Zeichnerische Lösung

Darum geht es

Ein Gleichungssystem kannst du sowohl zeichnerisch als auch rechnerisch lösen. Wie das zeichnerische Verfahren funktioniert, lernst du in diesem Kapitel.

Lineare Gleichungen kann man als lineare Funktionen ansehen (↗ S. 21). *Eine* lineare Gleichung wird durch alle Punkte $(x|y)$ gelöst, die im Koordinatensystem auf der entsprechenden Geraden liegen (↗ S. 19).
Die Lösung eines Gleichungssystems mit *zwei* linearen Gleichungen muss *beide* Gleichungen erfüllen, also auf *beiden* Geraden liegen. Der einzige Punkt, der auf beiden Geraden liegt, ist ihr Schnittpunkt. Also ist der Schnittpunkt die Lösung des Gleichungssystems.

Beispiel

Paul und Robin starten gleichzeitig um 10:00 Uhr zu einer Fahrradtour zum Zeltplatz am Dunkelsee. Beide fahren von ihrem Haus aus los, Robin wohnt 2 km näher am Dunkelsee. Paul fährt mit einer Durchschnittsgeschwindigkeit von $20\,\frac{\text{km}}{\text{h}}$, Robin mit $16\,\frac{\text{km}}{\text{h}}$. Um wie viel Uhr hat Paul Robin eingeholt? Wie viele Kilometer ist Robin dann gefahren?

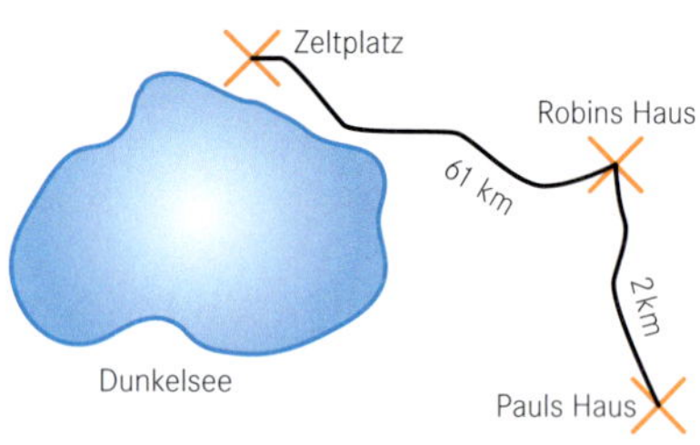

So stellst du das Gleichungssystem auf:

1. Variablen festlegen:
   x = Zeit ab 10:00 Uhr in Stunden
   y = Wegstrecke, die Robin zurücklegt, in Kilometern
2. Gleichungen aufstellen:
   (I) $y = 20x - 2$
   (II) $y = 16x$

So löst du das Gleichungssystem zeichnerisch im Koordinatensystem:

1. Gleichungen aufstellen:
   (I) $y = 20x - 2$
   (II) $y = 16x$

   Löse beide Gleichungen nach y auf („$y = \ldots$“) (↗ S. 43). Die Gleichungen im Beispiel sind bereits nach y aufgelöst.

2. 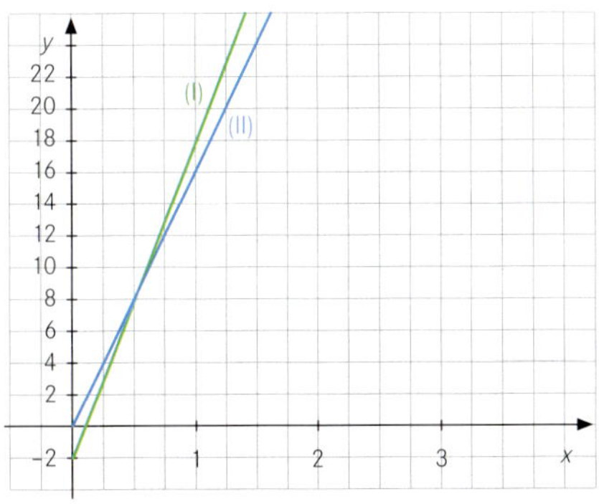

   Zeichne beide Geraden in ein gemeinsames Koordinatensystem. (Schätze, bevor du das Koordinatensystem zeichnest, wie groß es sein muss und wie du es geschickt skalierst (↗ S. 21).

3. (0,5 | 8)

   Lies den Schnittpunkt ab, er ist die Lösung des Gleichungssystems.

4. Punktprobe:
   (I) $y = 20x - 2$ | Lösung einsetzen
   $8 = 20 \cdot 0{,}5 - 2$
   $8 = 10 - 2$ (wahr)

   (II) $y = 16x$ | Lösung einsetzen
   (PII) $8 = 16 \cdot 0{,}5$ (wahr)

   Mache die **Punktprobe:** Setze die gefundene Lösung in *beide* Ausgangsgleichungen ein. Nur wenn *beide* Gleichungen wahre Aussagen ergeben, stimmt die Lösung.

5. Lösung: (0,5 | 8)
   Antwort: Um 10:30 Uhr hat Paul Robin eingeholt, Robin ist dann 8 km gefahren.

   Gib die Lösung an und – bei einer Sachaufgabe – beantworte die Frage. (Mehr zur Bearbeitung von Sachaufgaben auf S. 48 ff.)

Info „Linear“ kommt von lat. *linea* und bedeutet „gerader Strich“. „Lineare Funktion“ meint also Funktionen, deren Graph eine Gerade ist (↗ S. 21).
„Lineares Gleichungssystem“ meint ein System von linearen Gleichungen.

1 Zeichne die Geraden in ein Koordinatensystem und bestimme die Lösung des Gleichungssystems. Mache immer die Probe.

Tipp Wie man Funktionsgraphen zeichnet, wird auf S. 30 ff. beschrieben.

a) $y = x + 5$
$y = 3x$

b) $y = 0{,}5x - 5$
$y = -2x$

c) $y = 1{,}5x + 4$
$y = 0{,}5x + 2$

d) $y = \frac{1}{2}x + 5$
$y = x$

2 Diese Gleichungen müssen zuerst zu Funktionsgleichungen umgeformt werden. Löse zeichnerisch und denke an die Probe.

Tipp Wie man eine Gleichung nach y auflöst, wird auf S. 43 beschrieben.

a) $x + 3y = 6$
$2x - 2y = 4$

b) $\frac{1}{2}y = \frac{5}{6}x$
$3x = 12 - 3y$

c) $4x = -8y$
$-3x - y = 5$

d) $x = -\left(\frac{y}{2} + 2\right)$
$y = \frac{x}{4} + \frac{1}{2}$

3 Stelle zu den Geraden ein passendes Gleichungssystem auf und löse es.

a)
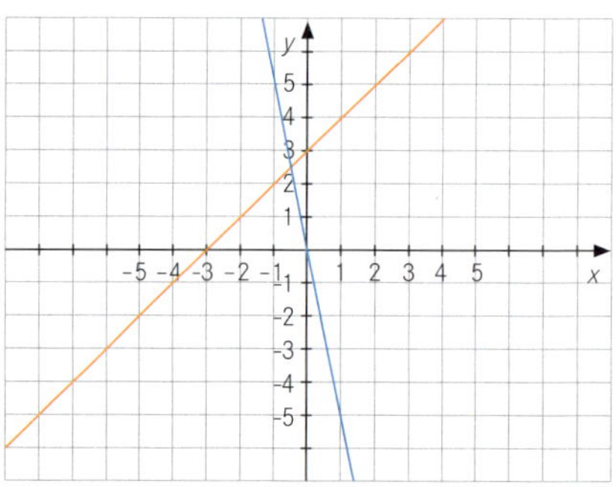

b)
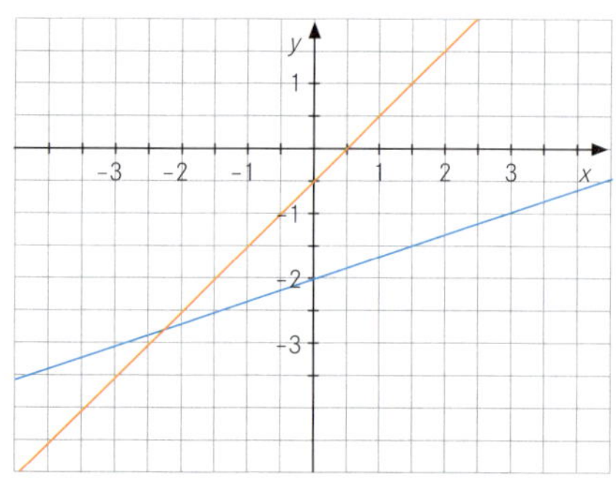

3.3 Anzahl der Lösungen

Darum geht es

Ein lineares Gleichungssystem kann eine Lösung haben. Es kann aber auch keine Lösung oder unendlich viele Lösungen haben.
Die Anzahl der Lösungen entspricht der Schnittmenge der Geraden im Koordinatensystem. Im Folgenden lernst du, wie du die Anzahl der Lösungen bestimmst.

d Marie finden keine richtige Lösung:

$= \frac{1}{4}x + 3$

$= \frac{1}{4}x - 1$

b) (I) $y = 2x + 0{,}5$
(II) $y = 2x + 0{,}5$

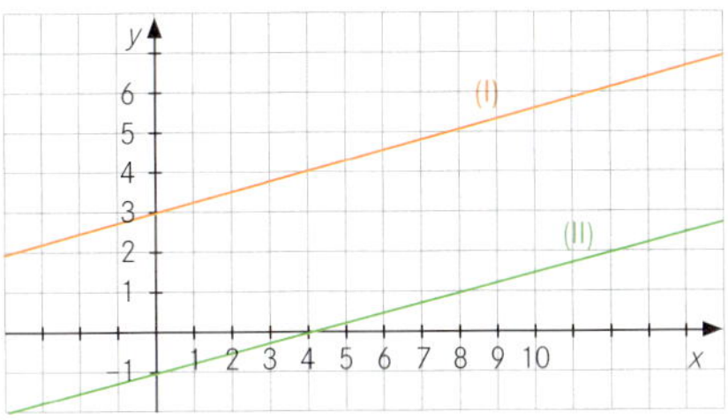

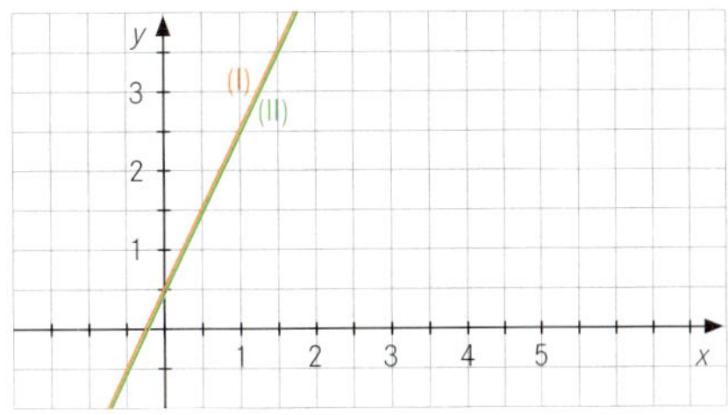

Schnittmenge und Lösungsmenge

Die Schnittmenge …

- … besteht aus *einem* Punkt, wenn sich die Geraden schneiden,
- … enthält *unendlich viele* Punkte, wenn die Geraden aufeinanderliegen (↗ oben das Beispiel b) und
- … ist *leer*, wenn die Geraden parallel sind, ohne sich zu berühren (↗ oben das Beispiel a).

So schreibt man die Lösungsmenge L auf:

- Schnittpunkt der Geraden ist $(2 \mid 4{,}5)$:
  $L = \{(2 \mid 4{,}5)\}$
- kein Schnittpunkt, weil die Geraden parallel zueinander sind, ohne sich zu berühren:
  $L = (\emptyset)$ oder $L = \{\ \}$
- unendlich viele Lösungen, weil die Geraden aufeinanderliegen:
  $L = \{(x \mid y) \mid y = 2x + 0{,}5\}$.

Für **unendlich große Lösungsmengen** sind verschiedene Schreibweisen gebräuchlich.
Im obigen Beispiel von Marie kann man die Lösung auch so notieren:
$L = \{(x \mid y) \mid y = 2x + 0{,}5\}$ oder $L = \{(x \mid 2x + 0{,}5)\}$.
Beides bedeutet dasselbe: „Die Lösungsmenge besteht aus allen Punkten $(x \mid y)$, bei denen für y gilt: $y = 2x + 0{,}5$." Das ist genau die Gerade $y = 2x + 0{,}5$.
Manchmal wird auch noch angegeben, aus welchem Zahlenbereich x und y stammen, z. B. so:
„$L = \{(x \mid y) \mid y = 2x + 0{,}5;\ x, y \in \mathbb{Q}\}$.
Eine eindeutige Lösung, z. B. $(2 \mid 4{,}5)$, kann man so notieren:
als Lösung: $(2 \mid 4{,}5)$ oder als Lösungsmenge: $L = \{(2 \mid 4{,}5)\}$.

Tipp Nutze die Schreibweisen, wie sie in deiner Klasse verwendet werden.

1 **Löse die Gleichungssysteme zeichnerisch. Mache bei eindeutigen Lösungen die Probe.**

a) $x = \frac{y}{3} - 1$
$4y - 12x = 12$

b) $3y - 4x = 6$
$x = \frac{3}{4}y + \frac{3}{8}$

c) $x + 6y = 30$
$6y + 6 = 5x$

d) $y = \frac{2}{3}x + \frac{1}{3}$
$3y = 2x + 1$

2 **Löse die Gleichungssysteme zeichnerisch (oder verwende den Tipp) und mache, wenn möglich, die Probe.**

Tipp Michael meint, er könne nach dem Aufstellen der Funktionsgleichungen schon erkennen, wie viele Lösungen das Gleichungssystem hat. Bei unendlich vielen Lösungen könne er auch die Lösungsmenge angeben, ohne zu zeichnen. Kannst du beschreiben, wie er das erkennt? (↗ Hinweis im Lösungsteil)
Kannst du dir bei folgenden Aufgaben auch ein paar Zeichnungen ersparen?

a) $28x - y = 0$
$\frac{1}{8} + \frac{1}{4}y = 7x$

b) $15 = -3y - 10x$
$y = \frac{2}{3}x + 3$

c) $3{,}6x + 2y = 3$
$-1{,}8x = -1{,}5 - y$

d) $x + y = 12$
$2x + 2y = 22$

3 **Lösungsmenge**

Gib zu jedem Gleichungssystem aus den Übungen 1 und 2, das unendlich viele Lösungen hat, jeweils vier mögliche Lösungen an. Überprüfe die Punkte mit der Punktprobe.

3.4 Rechnerische Lösungsverfahren

Darum geht es

In diesem Kapitel lernst du, wie du lineare Gleichungssysteme rechnerisch löst.
Es gibt drei verschiedene Rechenverfahren: das **Einsetzungsverfahren,** das **Gleichsetzungsverfahren** und das **Additionsverfahren.**

Die zeichnerische Lösung ist oft ungenau.

Beispiel:

(I) $y = -\frac{1}{2}x + 0{,}5$

(II) $y = 3x - 1$

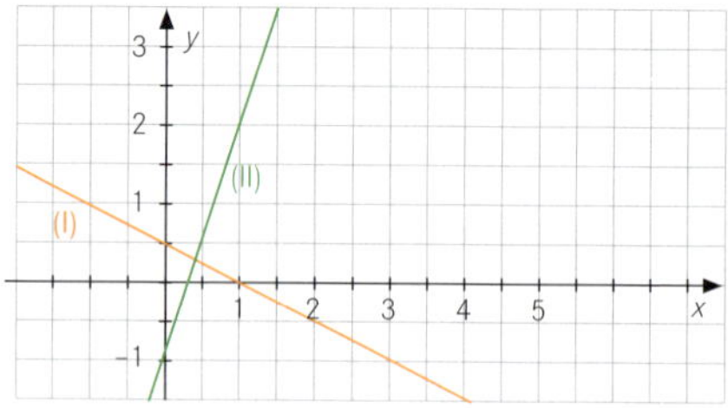

Es ist schwierig, die Lösung im Koordinatensystem richtig abzulesen.

So gehst du vor

Bei den rechnerischen Verfahren gehst du immer auf die gleiche Weise vor:

1. Eine lineare Gleichung mit *einer* Variablen kannst du durch einfache Äquivalenzumformungen lösen.
   Deswegen formst du die zwei Gleichungen mit zwei Variablen so um, dass *eine* Gleichung mit nur *einer* Variablen entsteht. Die drei im Folgenden gezeigten rechnerischen Verfahren unterscheiden sich nur darin, *wie* sie zu diesem Zweck die andere Variable „löschen".
2. Du löst die entstandene Gleichung – und hast so den Wert der ersten Variablen errechnet.
3. Du setzt den berechneten Wert der einen Variablen in eine Ausgangsgleichung ein, die nun eine Gleichung mit nur einer Variablen ist. Durch Umformen berechnest du schließlich den Wert der zweiten Variablen.

Das Einsetzungsverfahren

So gehst du vor:

Beispiel:

1. Löse eine der beiden Gleichungen nach x oder nach y auf. Im Beispiel wird die zweite Gleichung nach x aufgelöst.

(I) $2x + 12y = 7$

(II) $4y - 6 = -\frac{1}{3}x \quad | \cdot (-3)$

(II') $-12y + 18 = x$

2. Setze den eben für x oder für y berechneten Ausdruck in die andere Gleichung ein. Jetzt kommt in dieser Gleichung nur noch eine Variable vor (im Beispiel y).

(II') einsetzen in (I):

$2 \cdot (-12y + 18) + 12y = 7$

3. Löse die Gleichung nach dieser Variablen auf, so findest du den Wert der Variablen heraus. Diese Größe entspricht bei der zeichnerischen Lösung der y-Koordinate des Schnittpunkts.

$(-24y + 36) + 12y = 7$

$-12y + 36 = 7 \quad | -36$

$-12y = -29 \quad | : (-12)$

$y = \frac{29}{12}$

4. Wähle eine der beiden ursprünglichen Gleichungen und setze den errechneten Wert für die Variable ein (im Beispiel $\frac{29}{12}$ für y).
   Löse diese neue Gleichung nach der verbleibenden Variable (hier x) auf und du erhältst den Wert der zweiten Variablen. Dieser Größe entspricht bei der zeichnerischen Lösung die x-Koordinate des Schnittpunkts.

$\left(y = \frac{29}{12}\right)$ einsetzen in (I):

$2x + 12 \cdot \frac{29}{12} = 7$

$2x + 29 = 7 \quad | -29$

$2x = -22 \quad | : (2)$

$x = -11$

5. Gib die Lösung an und prüfe dein Ergebnis mit der Punktprobe (↗ S. 43, Schritt 3 und 4).

Die Probe ist hier aus Platzgründen nicht ausgeführt (↗ S. 39).

gemischte Zahl berechnen:

$y = \frac{29}{12} = 2\frac{5}{12}$

Lösung: $\left(-11 \mid 2\frac{5}{12}\right)$

1 Löse mit dem Einsetzungsverfahren und überprüfe deine Lösung.

Tipp Überlege, welche Gleichung du am leichtesten nach x oder nach y auflösen kannst.

a) $x = 7y - 3$
$14y - 3x = 12$

b) $2x + 3y = 5$
$y + x = 0$

c) $27x - 12y = 24$
$9x = y + 5$

d) $2x - 10y = 0$
$3x - 12 = 17y$

e) $11x = 4y - 4$
$3y = 15x - 6$

f) $40y - 70 = 10x$
$7x - 1 = 3y$

2 Erläutere und begründe.

Betrachte den Schritt 2 beim Einsetzungsverfahren (↗ vorige Seite).

a) Wozu ist dieser Schritt wichtig?

b) Warum ist diese Umformung erlaubt?

Tipp zu Aufgabe 3

Du kannst auch so einsetzen:
(I) $-13x = 32y + 0{,}5$
(II) $17y = -13x + 111$

(I) einsetzen in (II):
$17y = (32y + 0{,}5) + 111$
Wieso ist das Einsetzen auch auf diese Weise erlaubt? Versuche zu begründen.
(↗ Hinweis im Lösungsteil)

3 Löse mit dem Einsetzungsverfahren und überprüfe deine Lösung.

Überlege, ob es leichter ist, die Gleichungen nach einem Vielfachen von x oder von y aufzulösen.

a) $7x + 1 = 16y$
$14x - 32y = 2$

b) $17x + 3y = 1$
$5y - 17x = 13$

c) $3x - 2y = 2$
$2x + 3y = 2$

d) $1{,}6x - 1 = 4y$
$-3{,}2x + 8y = -2$

e) $25x - 4{,}5y = 42{,}2$
$1 + 5x = 2{,}5y$

f) $-7x + 6y = -1$
$-1{,}5x + 12y = 10{,}5$

Das Gleichsetzungsverfahren

So gehst du vor:

1. Löse beide Gleichungen nach y oder beide nach x auf („$y = ...$“; „$x = ...$“). In diesem Beispiel wird nach x aufgelöst.
2. Setze nun die beiden Terme gleich. Dadurch erhältst du eine Gleichung mit nur einer Variablen (in diesem Beispiel mit y).
3. Auflösen der Gleichung nach der Variablen, genau wie beim Einsetzungsverfahren. (↗ S. 43)
4. und 5. Der 4. und der 5. Schritt sind die gleichen wie beim Einsetzungsverfahren. (↗ S. 43–44)

Die Probe ist hier aus Platzgründen nicht ausgeführt (↗ S. 39).

Beispiel:

(I) $18y - 12 = -3x \quad | : (-3)$

(II) $x + \frac{1}{2}y = 5 \quad | -\frac{1}{2}y$

(I') $-6y + 4 = x$

(II') $x = 5 - \frac{1}{2}y$

gleichsetzen (I') = (II'):

$$-6y + 4 = 5 - \frac{1}{2}y \quad | -4 + \frac{1}{2}y$$

$$-5\frac{1}{2}y = 1 \quad | : \left(-\frac{11}{2}\right)$$

$$y = -\frac{2}{11}$$

$\left(y = -\frac{2}{11}\right)$ einsetzen in (II)

$$x + \frac{1}{2} \cdot \left(-\frac{2}{11}\right) = 5$$

$$x - \frac{1}{11} = 5 \quad | + \frac{1}{11}$$

$$x = 5\frac{1}{11}$$

Lösung: $\left(5\frac{1}{11} \,\middle|\, -\frac{2}{11}\right)$

4 Löse durch Gleichsetzen und überprüfe deine Lösung.

Tipp Überlege, ob es leichter ist, die Gleichungen nach x oder nach y aufzulösen.

a) $y = 5x - 7$
$y = 25x + 1$

b) $x = y - \frac{1}{3}$
$x = \frac{y}{3} + 11\frac{1}{3}$

c) $12y - x = -3$
$14y = x$

d) $2y + 3 = 7x$
$y - 3{,}5x = -1{,}5$

e) $3{,}5x + 1{,}2 = \frac{1}{2}y$
$y - 2 = 3x$

f) $13y + x = 15$
$6{,}5y + 0{,}5x = 1{,}5$

5 Erläutere und begründe.

Betrachte den Schritt 2 beim Gleichsetzungsverfahren (↗ oben).

a) Wozu ist dieser Schritt wichtig?

b) Warum ist es erlaubt, die beiden Terme gleichzusetzen?

Tipp zu Aufgabe 6

Man kann auch so gleichsetzen:
(I) $17x = 2y + 5$
(II) $17x = -14y + 1$
gleichsetzen (I) = (II):
$2y + 5 = -14y + 1$

Kannst du begründen, wieso das Gleichsetzen auch so erlaubt ist? (↗ Hinweis im Lösungsteil)

6 **Löse durch Gleichsetzen und überprüfe deine Lösung.**
Überlege, ob es leichter ist, die Gleichungen nach einem Vielfachen von x oder nach einem Vielfachen von y aufzulösen.

a) $12x - 3y = 7$
$7 + 24x = 6y$

b) $\frac{3}{7}x + \frac{1}{5}y = 5$
$x + \frac{2}{5}y = 3$

c) $4 + 1{,}2x = 6{,}3y$
$-1{,}6x + \frac{5}{3} = 2{,}1y$

7 **Löse rechnerisch durch Gleichsetzen.**
Stelle dazu zunächst die Funktionsgleichungen auf.

a)
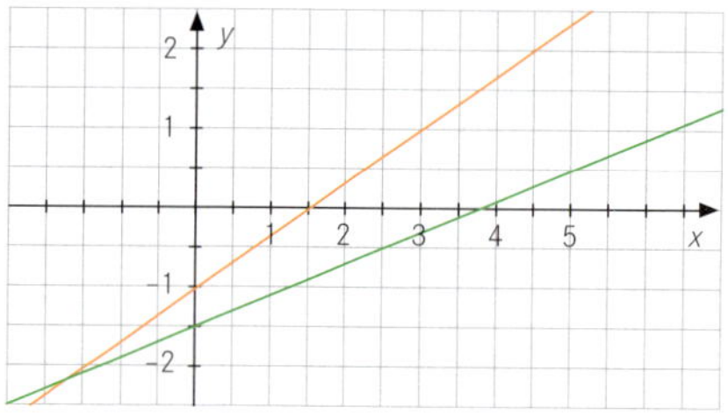

b)
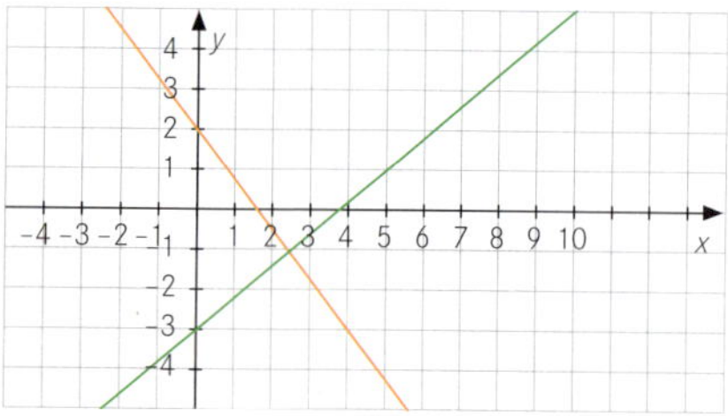

Das Additionsverfahren

So gehst du vor:

1. Forme die Gleichungen so um, dass gleiche Variablen untereinanderstehen. (Im Beispiel sind die Gleichungen schon entsprechend umgeformt.)
   Als Nächstes soll der Koeffizient einer der Variablen in beiden Gleichungen gleich sein, allerdings mit entgegengesetztem Vorzeichen. (Im Beispiel kannst du es im nächsten Schritt sehen: „$+8y$" und „$-8y$"). Multipliziere dazu eine Gleichung.
2. Schreibe die Gleichungen direkt untereinander und addiere sie. Dadurch erhältst du eine Gleichung mit nur noch einer Variablen. (Im Beispiel fällt y weg).

Beispiel:
(I) $6x + 8y = 7$
(II) $5x + 2y = 7$ $\quad | \cdot (-4)$

(I) $6x + 8y = 7$
(II') $-20x - 8y = -28$ | addieren
$-14x + 0 = -21$

3. Löse diese Gleichung nach der verbleibenden Variablen auf (im Beispiel mit Division durch −14). Du erhältst den Wert einer Variablen.

$$-14x + 0y = -21 \quad | : (-14)$$
$$x = \frac{21}{14} = \frac{3}{2}$$

4. und 5. Der 4. und der 5. Schritt sind die gleichen wie bei den anderen Verfahren. (↗ S. 43–45)

Einsetzen in (II):

$$5 \cdot \frac{3}{2} + 2y = 7$$
$$\frac{15}{2} + 2y = 7 \quad | -\frac{15}{2}$$
$$2y = -\frac{1}{2} \quad | : 2$$
$$y = -\frac{1}{4}$$

Die Probe ist hier aus Platzgründen nicht ausgeführt (↗ S. 39).

Lösung: $\left(\frac{3}{2} \middle| -\frac{1}{4}\right)$

8 Löse mit dem Additionsverfahren. Denke an die Probe.

a) $x + 3{,}6y = 7$
$-x - 3y = 2$

b) $7x - 1{,}3y = 12$
$-7x + 1{,}3y = 12$

c) $5x + 4y = 12$
$3x - 4y = 6$

d) $0{,}18x + 0{,}54y = 0{,}36$
$-0{,}18x + 0{,}06y = 0{,}18$

e) $-20x + 16y = -4$
$8x - 16y = 2$

f) $-\frac{7}{6}x + \frac{7}{8}y = \frac{16}{3}$
$1\frac{1}{6}x - \frac{7}{8}y = 5\frac{1}{3}$

9 Löse mit dem Additionsverfahren. Denke an die Probe.

Diese Gleichungssysteme müssen vor dem Addieren umgeformt werden.

a) $-x + 3y = 7$
$4x + 5y = 6$

b) $2x + 1{,}5y = 5$
$4x + 5y = -6$

c) $12x + y = 32$
$3{,}5x - \frac{1}{8}y = 9$

10 Löse rechnerisch mit dem Additionsverfahren.

Stelle dazu zunächst die Funktionsgleichungen auf.

a)

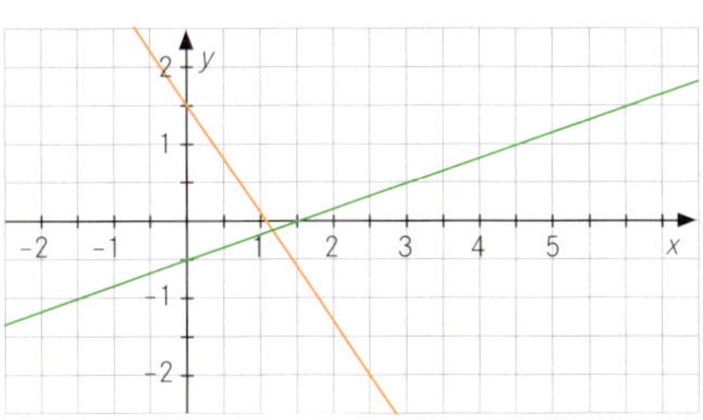

b)

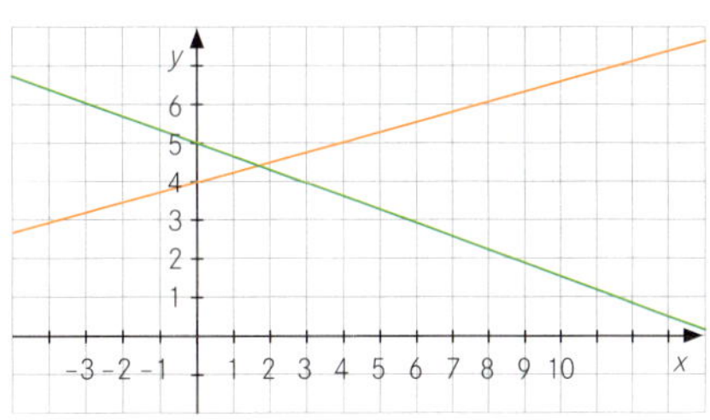

3.5 Vergleich der Lösungsverfahren

Darum geht es

Du kannst jedes lineare Gleichungssystem mit jedem rechnerischen Verfahren lösen, du kannst dir also ein Verfahren aussuchen.
Manche Gleichungssysteme lassen sich mit einem der Verfahren leichter lösen, hier kannst du dir Arbeit ersparen:

- Manchmal brauchst du das Gleichungssystem gar nicht mehr umzuformen und kannst gleich einsetzen, gleichsetzen bzw. addieren.
- Oder die Umformung ist für eines der Verfahren leichter.

Zeichnerische Lösung

Die zeichnerische Lösung erfordert Genauigkeit beim Zeichnen. Und auch bei der sorgfältigsten Zeichnung kann man sehr große oder „krumme" Ergebnisse nicht exakt ablesen. Wie groß das Ergebnis sein wird und ob es ganzzahlig ist, kann man vor dem Lösen nicht abschätzen.
Tipp Bei Sachaufgaben kann das Zeichnen der Geraden dabei helfen, die Gleichungen aufzustellen und die Lösung des Gleichungssystems in eine richtige Antwort zu übersetzen.

1 Wähle ein geeignetes Verfahren und löse geschickt. Denke an die Probe.
Tipp Für jedes dieser Gleichungssysteme ist ein Verfahren besonders gut geeignet.

a) $1{,}2x + y = 1{,}5$
$1{,}5 + 7{,}2x = -3y$

b) $3x + 2y = 5$
$3{,}5x - 1 = -2y$

c) $1{,}5x + 2 = 4y$
$9x + 3y = -3$

d) $2x + 0{,}2y = 4$
$2x + y = 3$

e) $1{,}2x + 4 = 8{,}4y$
$0{,}3x - 3 = 2{,}1y$

f) $1{,}5x - 3 = -\frac{1}{3}y$
$x + \frac{1}{3} = -y$

3.6 Sachaufgaben

Beispiel

Lineare Gleichungssysteme aufstellen und lösen
Lisa radelt von Lippstadt die 13,8 km nach Hause, ihr Bruder Timm fährt ihr entgegen. Sie fahren gleichzeitig los, Lisa fährt $25\,\frac{\text{km}}{\text{h}}$, ihr Bruder $22\,\frac{\text{km}}{\text{h}}$.

Das Beispiel:
1. Wie lang dauert es, bis sie sich treffen, und wie weit ist bis dahin jeder gefahren?

So gehst du vor:
Ist die Frage in der Aufgabe schon gestellt? Wenn nicht, so überlege, welche Größe sinnvoll gesucht werden kann, formuliere und notiere die Frage.

2. x: Zeitspanne in Stunden, die sie bis zum Treffen benötigen
y: Strecke in Kilometern, die Lisa bis dahin gefahren ist

Welche Größen werden gesucht? Lege die Variablen dazu fest.

3. Überlegung:
Timm startet 13,8 km entfernt und fährt ihr dann entgegen:

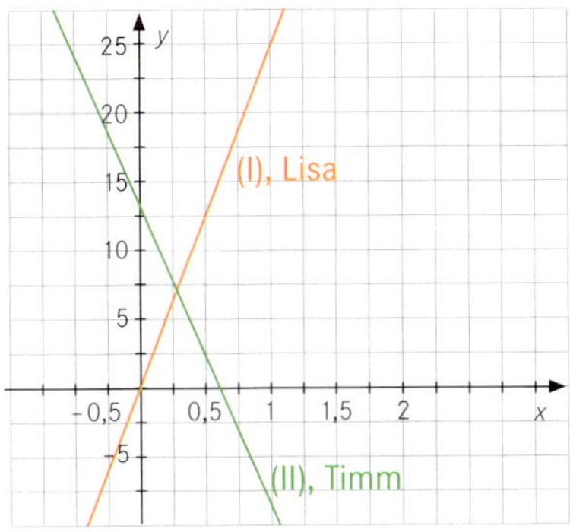

(I) $y = x \cdot 25$
(II) $y = 13{,}8 - 22x$

Stelle die Gleichungen auf, dabei darfst du Einheiten (€, km, ...) weglassen. Manchmal ist es leichter, zuerst die Geraden im Koordinatensystem zu zeichnen, bevor man die Gleichungen aufstellt.

4. Nach Rechnung und Probe ergibt sich:
$\left(\frac{13{,}8}{47} \mid 25 \cdot \frac{13{,}8}{47}\right)$

Dauer:

$\frac{13{,}8}{47}\,\text{h} = \frac{13{,}8}{47} \cdot 3\,600\,\text{s} \approx 1\,057\,\text{s}$
$= 17\,\text{min}\ 37\,\text{s}$

Lisas Fahrtweg:

$25 \cdot \frac{13{,}8}{47}\,\text{km} \approx 7{,}3\,\text{km}$

Timms Fahrtweg:

$13{,}8\,\text{km} - 7{,}3\,\text{km} = 6{,}5\,\text{km}$

Lisa und Timm treffen sich nach 17 min 37 sek. Lisa ist bis dahin etwa 7,3 km gefahren und Timm etwa 6,5 km.

Löse das Gleichungssystem mit einem der Verfahren und mache die Probe. Manchmal ist es sinnvoll, das Ergebnis zu runden und/oder in eine angemessene Einheit umzurechnen.
Beantworte die Frage und überlege, ob die errechnete Lösung in der Realität möglich ist.

Tipp Schau dir weitere Beispiele für das Aufstellen von Gleichungssystemen auf den Seiten 37/38 und 38/39 an.

1 Stelle das Gleichungssystem auf, löse es und beantworte die Frage. Denke an die Probe.

a) Avelia hat für 5,00 € 18 Brötchen gekauft. Es gab einfache Brötchen für 25 ct und Mohnbrötchen für 35 ct. Wie viele hat sie von jeder Art gekauft?

b) Jan baut einen rechteckigen Hasenstall mit 16 m Zaun. Die langen Seiten werden 1,8-mal so lang wie die kurzen. Welche Maße hat der Stall?

c) Clara und Hanna überlegen die Sitzordnung für ihre Klasse mit 30 Schülern. Sie bilden 6 Tischgruppen mit je 4 oder 6 Schülern. Wie viele 4er- und 6er-Tischgruppen sind es?

d) Anjas Klasse bestellt 30 Getränke, es gibt zur Auswahl Kakao zu 1,50 € und Cola zu 1,10 €. Alles zusammen kostet 39,80 €. Wie oft wird welches Getränk bestellt?

e) Francesco hat in den Ferien 21 Tage auf dem Reiterhof ausgeholfen und dabei 427 € verdient. Für lange Arbeitstage sind 25 € verabredet, für kurze 11 €. Wie viele lange und kurze Arbeitstage hatte er?

f) Alessia überlegt, ob es sich lohnt, ein Computerprogramm zum Lösen linearer Gleichungssysteme zu schreiben. Sie schätzt, dass sie für das Schreiben und Testen eines solchen Programms anderthalb Stunden benötigt, das Lösen eines linearen Gleichungssystems mit Computerprogramm schätzt sie auf 50 s und ohne Computer auf 4 min. Bei wie vielen Aufgaben benötigen beide Varianten gleich viel Zeit?

2 Unterwegs

Tipp Zeichne zunächst entsprechende Geraden in ein Koordinatensystem.

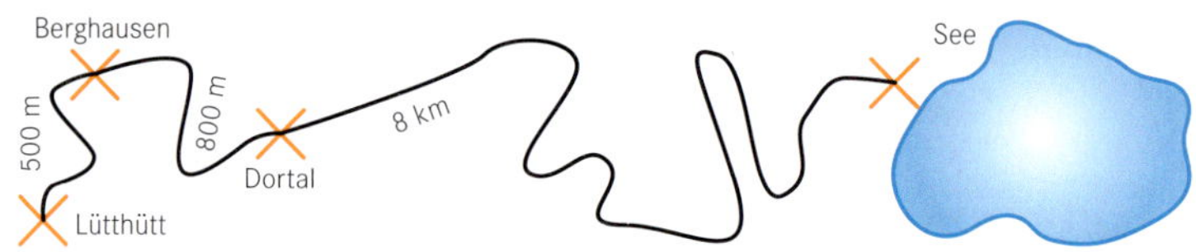

a) Finn und Jonas wollen sich treffen. Finn startet mit dem Rad in Berghausen, Jonas joggt ihm aus Dorrtal entgegen. Finn bringt es auf $23\,\frac{km}{h}$, Jonas auf $8\,\frac{km}{h}$. Beide starten um 15:00 Uhr. Wann und wo treffen sie sich?

b) Finn (aus Berghausen), Jonas (aus Dorrtal), Selina und Lea (beide aus Lütthütt) fahren zum See. Sie starten alle um 13:00 Uhr. Finn fährt mit $22\,\frac{km}{h}$, Jonas mit $18\,\frac{km}{h}$, Selina und Lea mit $24\,\frac{km}{h}$. Wer überholt wen wann?

3 Was ist günstiger?

a) Ayla und Chris reisen in die Türkei. Ayla tauscht bei der Nordbank, Chris bei der Reisesparkasse. Sie haben unterschiedliche Wechselkurse (siehe Grafik).
Chris und Ayla sind überrascht: „Wir haben gleich viel Euro gegeben – und gleich viel Türkische Lira bekommen!“ Wie viel waren es?

b) Betrachte die Ergebnisse aus Aufgabe a. In welchen Fällen ist es günstiger, bei welcher Bank zu tauschen?
Löse das Gleichungssystem auch grafisch und erläutere deine Antwort anhand der Zeichnung.

4 Welcher Handytarif ist günstiger?

Welcher Tarif günstiger ist, hängt davon ab, wie viel man telefoniert. Wann empfiehlt sich welcher Tarif?

Tipp Zeichne zuerst die Geraden im Koordinatensystem, bevor du die Gleichungen aufstellst.

a) Yasmin vergleicht die Tarife „Mobi Hopps“ und „Geflüster“.

b) Luka vergleicht „Samtklang“ und „See“.

5 Löse die Aufgaben und prüfe deine Ergebnisse genau!

a) Lena rennt Vanessa hinterher, Vanessa hat einen Vorsprung von 80 m. Lena benötigt 2 Sekunden für 10 m, Vanessa rennt $21\,\frac{\text{km}}{\text{h}}$. Wie lange braucht Lena, um Vanessa einzuholen?

b) Finn aus Berghausen und Jonas aus Dorrtal fahren mit dem Fahrrad zum See (s. Skizze bei Aufgabe 2). Sie fahren gleichzeitig los, Finn fährt $23\,\frac{\text{km}}{\text{h}}$, Jonas $21\,\frac{\text{km}}{\text{h}}$.
Wann holt Finn Jonas ein?

Test Kapitel 3

1 Löse die Aufgaben mit einem Verfahren deiner Wahl. |9|

a) $\frac{2}{3}x + 3y = 4$

$1{,}5y + 2 = 1\frac{2}{3}x$

b) $3x + 1 = 2$

$-8x + 6y = 4$

c) $0{,}75x + 6y = -3$

$-0{,}875 + 3y = 6$

2 Handytarife |11|

Hier sind die monatlichen Kosten von vier Handytarifen veranschaulicht. Nenne die Eigenschaften der einzelnen Tarife. Für welches Telefonierverhalten empfiehlst du welchen Tarif?

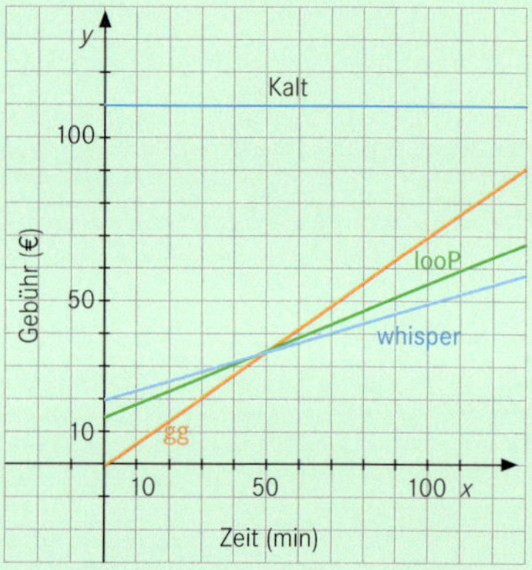

3 Sachaufgaben

a) Alice hat einen Fahrradtag hinter sich, sie ist Schotterwege und Asphaltstraßen gefahren. Auf Schotterwegen hat sie durchschnittlich $12\,\frac{\text{km}}{\text{h}}$, auf Asphalt $21\,\frac{\text{km}}{\text{h}}$ geschafft. Für die insgesamt 89 km hat sie 5 h 15 min reine Fahrzeit benötigt. Wie viel Zeit ist sie auf Schotterwegen, wie viel auf Asphaltstraßen gefahren? |6|

b) Julia und Julian sind zusammen 16-mal ins Kino gegangen und haben dafür insgesamt 142,40 € ausgegeben. Am Mittwoch kostet eine Karte 4 €, sonst 5,80 €. Wie oft waren sie am Mittwoch, wie oft an anderen Tagen im Kino? |6|

c) Der Eintritt ins Freibad kostet für Jugendliche 2,80 €. Lucien überlegt, ob er sich für 35 € eine Rabattkarte für ein Jahr kauft. Mit der Rabattkarte spart man bei jedem Eintritt 40 %. Ab wie vielen Freibadbesuchen lohnt sich die Rabattkarte? |6|

d) Ein Spiegel soll rechteckig und 1,4-mal so hoch wie breit werden. Für den Rahmen ist Material für 4 m vorhanden. Wie groß kann der Spiegel werden? |6|

e) Ein DIN-A4-Blatt hat einen Umfang von gerundet 1 014 mm. Die längere Kante ist $\sqrt{2}$-mal so lang wie die kürzere. Wie lang sind die Kanten? Gib sinnvoll gerundete Werte an. |6|

||50||

Wie viele Punkte hast du? Erreichst du mehr als 39 Punkte, beherrschst du den Inhalt des Kapitels wirklich gut. Erreichst du weniger als 20 Punkte, dann solltest du dieses Kapitel wiederholen.

4 REELLE ZAHLEN

Was du schon können musst:

- ▷ Gleichungen kennen und Zahlen quadrieren.
- ▷ verschiedene Zahlenmengen kennen: natürliche, ganze und rationale Zahlen.
- ▷ Brüche in Dezimalbrüche umwandeln.

Darum geht es

- ▶ Quadratwurzeln berechnen und näherungsweise bestimmen.
- ▶ reelle Zahlen darstellen und zuordnen.
- ▶ Terme und Gleichungen mit Quadratwurzeln lösen.

4.1 Quadratwurzeln

Darum geht es

Für die Lösung bestimmter Gleichungen benötigst du neben den bekannten Umformungsregeln einen weiteren Zahlentyp. Deswegen wirst du die Quadratwurzel als Lösung von Gleichungen kennenlernen.

Quadratzahlen sind Zahlen der Form $q = n^2$. n ist dabei eine natürliche Zahl.
Beispiel: $1 = 1^2$, $4 = 2^2$, $9 = 3^2$, $16 = 4^2$ ...

Merksatz

Ist q eine Quadratzahl mit $n^2 = q$, dann heißt n die **Quadratwurzel** aus q. Man schreibt dafür: $n = \sqrt{q}$. Der Wert einer Quadratwurzel ist immer positiv.
Beispiel: Gib die Quadratwurzeln zu den folgenden Quadratzahlen an: 4, 25, 100, 441.

Quadratzahl	4	25	100	441
Quadratwurzel	$\sqrt{4} = 2$	$\sqrt{25} = 5$	$\sqrt{100} = 10$	$\sqrt{441} = 21$

Eine Gleichung der Form $x^2 = q$ hat eine Lösung a), zwei Lösungen b) oder keine Lösung c).

a) Eine Lösung:
Löse die Gleichung $x^2 = 0$.
$x^2 = 0$
$x = 0$, *denn:* $0^2 = 0$

b) Zwei Lösungen:
Löse die Gleichungen: 1. $x^2 = 81$; 2. $x^2 = 100$.
1. $x^2 = 81$
$x = 9$ und $x = -9$, *denn:* $9^2 = 81$ und $(-9)^2 = 81$
2. $x^2 = 100$
$x = 10$ und $x = -10$, *denn:* $10^2 = 100$ und $(-10)^2 = 100$

c) Keine Lösung:
Löse die Gleichung: $x^2 = -1$.
$x^2 = -1$
keine Lösung, *denn:* Es gibt keine Zahl, die quadriert eine negative Zahl ergibt.

Regel

Ist a größer 0 und keine Quadratzahl, dann sind $\sqrt{a}$ und $-\sqrt{a}$ zwei Lösungen der Gleichung $x^2 = a$. $\sqrt{a}$ ist diejenige nichtnegative Zahl, deren Quadrat a ergibt.
Der Ausdruck $\sqrt{a}$ wird *„Wurzel aus a"* gesprochen. Der Term unter der Wurzel heißt *Radikand.*

Beispiel

Löse die Gleichungen:

1. $x^2 = 2$ **2.** $x^2 = 16$ **3.** $x^2 + 2 = 10$ **4.** $x^2 = 1{,}5$

1. $x^2 = 2$
$x = \sqrt{2}$ und $x = -\sqrt{2}$, *denn:* $(\sqrt{2})^2 = 2$ und $(-\sqrt{2})^2 = 2$

2. $x^2 = 16$
$x = \sqrt{16}$ und $x = -\sqrt{16}$
$x = 4$ und $x = -4$, *denn:* $(4)^2 = 16$ und $(-4)^2 = 16$

3. $x^2 + 2 = 10 \mid -2$
$x^2 = 8$
$x = \sqrt{8}$ und $x = -\sqrt{8}$, *denn:* $(\sqrt{8})^2 = 8$ und $(-\sqrt{8})^2 = 8$

4. $x^2 = 1{,}5$
$x = \sqrt{1{,}5}$ und $x = -\sqrt{1{,}5}$, *denn:* $(\sqrt{1{,}5})^2 = 1{,}5$ und $(-\sqrt{1{,}5})^2 = 1{,}5$

Wie du eine Quadratwurzel wie zum Beispiel $\sqrt{2}$ anders darstellen kannst, erfährst du in den beiden nächsten Kapiteln.

1 Ergänze die Tabellen.

a)

Quadratwurzel x	1	2	3	4		6			9	
Quadratzahl x^2	1	4	9		25		49	64		100

Quadratwurzel x			13	14	15	16	17	18	19	
Quadratzahl x^2	121	144								400

b)

Quadratwurzel x	$\sqrt{2}$	$\sqrt{3}$	$\sqrt{5}$			$\sqrt{8}$	$\sqrt{10}$		$\sqrt{12}$			
Quadratzahl x^2	2	3	5	6	7			11		13	14	15

2 Ermittle die Quadratwurzel, wenn möglich.

a) $\sqrt{9}$ b) $\sqrt{49}$ c) $\sqrt{50}$ d) $\sqrt{64}$
e) $\sqrt{75}$ f) $\sqrt{1{,}9}$ g) $\sqrt{144}$ h) $\sqrt{200}$

3 Schreibe als Quadratwurzel.
Beispiel: $10 = \sqrt{100}$.

a) 3 b) 4 c) 13 d) 15
e) 1 f) 17 g) 20 h) 1,5

4 Löse die Gleichungen.

a) $x^2 = 64$ b) $x^2 = 11$ c) $x^2 + 5 = 86$ d) $x^2 - 11 = 180$
e) $x^2 + 1{,}2 = 3$ f) $-x^2 + 2 = 1$ g) $x^2 + 50 = 25$ h) $3x^2 - 12 = 48$

5 Gib für *a* Werte an, sodass die Gleichung keine Lösung, eine Lösung oder zwei Lösungen hat.

a) $x^2 = a$ b) $x^2 = a - 2$ c) $x^2 = 2a$ d) $x^2 + a = 1$

6 Ein Rechteck mit den Seiten *a* und *b* hat den Flächeninhalt $a \cdot b$. Wie groß ist die Seite eines Quadrats mit demselben Flächeninhalt?

a) $a = 4\,\text{cm}$; $b = 16\,\text{cm}$ b) $a = 1\,\text{cm}$; $b = 7\,\text{cm}$
c) $a = 5\,\text{cm}$; $b = 24{,}2\,\text{cm}$ d) $a = 0{,}1\,\text{cm}$; $b = 3{,}6\,\text{cm}$

4.2 Näherungsweise Bestimmung von Quadratwurzeln

Darum geht es

Viele Quadratwurzeln kann man nicht durch natürliche Zahlen oder Brüche angeben. Du lernst hier zwei Verfahren kennen, mit denen du Wurzeln beliebig genau durch Dezimalzahlen angeben kannst.

Quadratwurzeln sind Lösungen der Gleichungen $x^2 = a$. Jede Zahl, also auch eine Quadratwurzel, kann in unterschiedlichen Intervallen liegen. Ein Intervall ist die Menge der Zahlen, die zwischen zwei gewählten Zahlen liegen.

Intervallschachtelung

- Die Wurzel aus einer Zahl, die keine Quadratzahl ist, kannst du durch immer kleinere Intervalle eingrenzen.
- Die Differenz zwischen rechter und linker Grenze eines Intervalls heißt *Länge* des Intervalls.

Beispiel: Gib den Wert von $\sqrt{2}$ auf vier Stellen nach dem Komma genau an.
Vorgehensweise: Das Quadrat von $\sqrt{2}$ ist 2, nämlich $(\sqrt{2})^2 = 2$. Wir suchen zunächst zwei natürliche Zahlen, deren Quadrate kleiner beziehungsweise größer als 2 sind. In den nächsten Schritten wählen wir Dezimalbrüche, deren Quadrate möglichst nahe an 2 herankommen. Für die Berechnung der Quadrate darfst du einen Taschenrechner verwenden.

$\sqrt{2}$ liegt im Intervall	weil	Länge des Intervalls
[1; 2]	12 < 2 < 22	2 - 1 = 1
[1,4; 1,5]	1,42 < 2 < 1,52	1,5 - 1,4 = 0,1
[1,41; 1,42]	1,412 < 2 < 1422	1,42 - 1,41 = 0,01
[1,414; 1,415]	1,414 2 < 2 < 1,415 2	1,415 - 1,414 = 0,001
[1,414 2; 1,414 3]	1,414 22 < 2 < 1,414 32	1,414 3 - 1,414 2 = 0,000 1
[1,414 21; 1,414 22]	1,414 212 < 2 < 1,414 222	1,414 22 - 1,414 21 = 0,000 01

Das sechste Intervall ist schon so klein, dass du eine der beiden Intervallgrenzen als Annäherung für $\sqrt{2}$ nehmen kannst. Du entscheidest dich immer für die linke Grenze, hier 1,414 21. Du sollst $\sqrt{2}$ auf vier Stellen nach dem Komma genau angeben. Da die fünfte Nachkommastelle eine 1 ist, rundest du ab. Es ist $\sqrt{2} \approx 1{,}414\,2$.

1 **Gib mithilfe der Intervallschachtelung eine Annäherung für a) $\sqrt{3}$ und b) $\sqrt{7}$ auf drei Nachkommastellen genau an.**

2 **Zwischen welchen aufeinander folgenden natürlichen Zahlen liegen diese Quadratwurzeln?**

a) $\sqrt{30}$ b) $\sqrt{55}$ c) $\sqrt{90}$ d) $\sqrt{250}$ e) $\sqrt{750}$ f) $\sqrt{1000}$

3 **Konstruiere und berechne ein rechtwinkliges Dreieck.**

a) Konstruiere ein rechtwinkliges Dreieck *ABC* ($\beta = 90°$) aus folgenden Kathetenlängen:
1. $a = 3$ cm; $c = 5$ cm 2. $a = 6{,}5$ cm; $c = 3{,}5$ cm 3. $a = 8{,}1$ cm; $c = 4{,}7$ cm.

b) Berechne jeweils die Länge der Seite *b* bis auf zwei Stellen nach dem Komma.

c) Miss *b* und vergleiche mit der rechnerischen Lösung.

4 **Berechne die fehlenden Größen (*r*, *U*, *A*) der Kreise. Welche Maßzahlen sind rationale Zahlen (rat) und welche irrationale Zahlen (i)?**

a) $r = 4{,}55$ cm b) $U = 52$ m c) $A = 81\text{ mm}^2$

4.3 Anordnung reeller Zahlen

Darum geht es

Du lernst eine neue Zahlenmenge kennen. Einige dieser Zahlen wirst du an der Zahlengeraden darstellen und ordnen können.

Irrationale und reelle Zahlen

Es gibt Dezimalzahlen, die unendlich viele, sich nicht wiederholende Nachkommastellen haben. Man sagt auch, sie sind *nicht abbrechend* und *nicht periodisch.* Solche Zahlen heißen irrationale Zahlen. Weitere irrationale Zahlen sind π (π = 3,141 592 653...), e (e = 2,7183...) und andere. Einige Quadratwurzeln sind solche irrationale Zahlen. Zusammen mit den rationalen Zahlen ergibt sich daraus eine neue Menge, die *reellen* Zahlen.

Jedem Punkt auf der Zahlengeraden ist genau eine reelle Zahl zugeordnet. Du kannst irrationale Zahlen auf der Zahlengeraden darstellen.

Beispiel:

1. Lege auf der Zahlengerade (1 Einheit = 1 cm) von 0 aus eine Strecke $\overline{AB}$ von 2 cm fest.
2. Errichte auf *B* eine Senkrechte $\overline{BC}$ ($L = 3$ cm). Endpunkt ist *C*.

3. Verbinde A mit C; $\overline{AC} = \sqrt{\overline{AB}^2 + \overline{BC}^2} = \sqrt{2^2 + 3^2} = \sqrt{4 + 9} = \sqrt{13}$ (nach Satz des Pythagoras, ↗ 65).
4. Schlage um A mit $r = \overline{AC}$ einen Kreisbogen. Den Schnittpunkt des Kreisbogens mit der Zahlengeraden nenne C'.
   Dem Punkt C' ist auf der Zahlengeraden die irrationale Zahl $\sqrt{13}$ zugeordnet.

1 Schreibe als Dezimalzahlen und ordne der Größe nach.

a) $\frac{233}{100}$; 2,24; $2,\overline{23}$; $\frac{559}{250}$; $\sqrt{5}$; 2,332 333 233 332...

b) $\sqrt{3,5}$; 1,88; $1,\overline{870}$; $\frac{1\,870}{1\,000}$; 1,878 778 777...; $\frac{47}{25}$

c) π; $\frac{22}{7}$; 3,14; $\sqrt{10}$

2 Setze das Zeichen < oder > ein.

a) 2,45 ☐ $\sqrt{6}$ b) $\sqrt{12}$ ☐ $\frac{7}{2}$ c) $\sqrt{1,5}$ ☐ $\frac{122}{100}$

d) $\sqrt{7}$ ☐ $\sqrt{8}$ e) 1,51 ☐ $\sqrt{2,25}$ f) $\sqrt{123}$ ☐ 11

3 Fülle die Tabelle aus.

	Natürliche Zahl	Ganze Zahl	Rationale Zahl	Irrationale Zahl	Reelle Zahl
-1	nein	ja	ja	nein	ja
2,6					
$\sqrt{3}$					
0,222...					
$-\sqrt{11}$					
$\frac{3}{19}$					
4					

4 Ordne (wie im Merksatz gezeigt) den folgenden irrationalen Zahlen einen Punkt auf der Zahlengeraden zu:

a) $\sqrt{5}$ ($\overline{AB} = 2$; $\overline{BC} = 1$) b) $\sqrt{10}$ ($\overline{AB} = 1$; $\overline{BC} = 3$) c) $\sqrt{20}$ ($\overline{AB} = 4$; $\overline{BC} = 2$)

4.4 Rechnen mit Quadratwurzeln

Darum geht es

Hier lernst du, wie man verschiedene Wurzelausdrücke umformen und vereinfachen kann.

Erinnere dich

$\sqrt{a}$ ist diejenige positive Zahl, deren Quadrat a ist.
Für alle Zahlen $a \geq 0$ ist das Quadrieren die Umkehrung des Wurzelziehens: $(\sqrt{a})^2 = a$.
Kehrt man hingegen das Quadrieren durch Wurzelziehen um, gilt für alle a: $\sqrt{a^2} = |a|$.
Die Zahl unter der Wurzel heißt Radikand.

Multiplikations- und Divisionsregel

Du multiplizierst zwei Wurzeln miteinander, indem du zunächst die Zahlen unter der Wurzel multiplizierst und dann erst die Wurzel ziehst. Verfahre bei der Division zweier Wurzeln genauso.

Beispiele: Vereinfache die folgenden Terme

a) $\sqrt{2} \cdot \sqrt{3} = \sqrt{2 \cdot 3} = \sqrt{6}$

b) $\sqrt{27} : \sqrt{3} = \sqrt{27 : 3} = \sqrt{9} = 3$

c) $\sqrt{2} \cdot \sqrt{8} = \sqrt{2 \cdot 8} = \sqrt{16} = 4$

d) $\frac{\sqrt{5}}{\sqrt{2}} = \sqrt{\frac{5}{2}} = \sqrt{2{,}5}$

Teilweises Wurzelziehen

Steht unter der Wurzel ein Produkt, in dem ein Faktor eine Quadratzahl ist, dann darfst du aus der Quadratzahl die Wurzel ziehen.

Beispiel: Vereinfache durch teilweises Wurzelziehen

a) $\sqrt{72} = \sqrt{36 \cdot 2} = \sqrt{36} \cdot \sqrt{2} = 6 \cdot \sqrt{2}$

b) $\sqrt{7a^2} = \sqrt{7} \cdot \sqrt{a^2} = |a| \cdot \sqrt{7}$

Ausklammern

Tauchen in einer Summe zwei gleiche Wurzeln auf, vor denen jeweils ein Faktor steht, dann addiere die beiden Faktoren und multipliziere erst dann mit der Wurzel.

Beispiel: Vereinfache durch Ausklammern.

a) $2\sqrt{3} + 3\sqrt{3} = (2 + 3)\sqrt{3} = 5\sqrt{3}$

b) $\sqrt{7x} - \sqrt{x} = \sqrt{7} \cdot \sqrt{x} - 1 \cdot \sqrt{x} = (\sqrt{7} - 1)\sqrt{x}$

c) $\sqrt{ab} - \sqrt{bc} = \sqrt{a} \cdot \sqrt{b} - \sqrt{b} \cdot \sqrt{c} = (\sqrt{a} - \sqrt{c})\sqrt{b}$

Rationalmachen des Nenners

Steht im Nenner eine Wurzel, dann erweitere den Bruch mit dieser Wurzel.

Beispiel: Schreibe ohne Wurzel im Nenner.

a) $\frac{10}{\sqrt{3}} = \frac{10}{\sqrt{3}} \frac{\sqrt{3}}{\sqrt{3}} = \frac{10}{3}\sqrt{3}$

b) $\frac{2}{\sqrt{5} + 2} = \frac{2}{(\sqrt{5} + 2)} \cdot \frac{(\sqrt{5} - 2)}{(\sqrt{5} - 2)} = \frac{2\sqrt{5} - 4}{5 - 4} = 2\sqrt{5} - 4$

1 **Zur Multiplikation:**

a) $\sqrt{2} \cdot \sqrt{7}$
b) $\sqrt{2} \cdot \sqrt{18}$
c) $\sqrt{3} \cdot \sqrt{27}$
d) $\sqrt{5} \cdot \sqrt{7}$
e) $\sqrt{6} \cdot \sqrt{24}$
f) $\sqrt{3} \cdot \sqrt{3} \cdot \sqrt{3}$

2 **Zur Division:**

a) $\sqrt{8} : \sqrt{2}$
b) $\frac{\sqrt{15}}{\sqrt{3}}$
c) $\frac{\sqrt{20}}{\sqrt{4}}$
d) $\sqrt{4} : \sqrt{5}$
e) $\frac{\sqrt{39}}{\sqrt{125}}$
f) $\frac{\sqrt{24} \cdot \sqrt{7}}{\sqrt{8}}$

3 **Ziehe teilweise die Wurzel.**

a) $\sqrt{50}$
b) $\sqrt{75}$
c) $\sqrt{8}$
d) $\sqrt{1000}$
e) $\sqrt{48}$
f) $\sqrt{80}$

4 **Vereinfache durch teilweises Wurzelziehen.**

a) $\sqrt{9x^2}$
b) $\sqrt{16y^2}$
c) $\sqrt{8a^2}$
d) $\sqrt{18x^2}$
e) $\sqrt{a^2b}$
f) $\sqrt{5x^2y}$

5 **Mache den Nenner rational.**

a) $\frac{1}{\sqrt{3}}$ b) $\frac{4}{\sqrt{2}}$ c) $\frac{5}{\sqrt{7}}$ d) $\frac{5}{\sqrt{5}}$

e) $\frac{1}{\sqrt{2}+2}$ f) $\frac{5}{\sqrt{3}-5}$ g) $\frac{\sqrt{7}}{\sqrt{7}+\sqrt{2}}$ h) $\frac{1}{2\sqrt{3}+1}$

6 **Vereinfache durch Ausklammern.**

a) $2\sqrt{3} + 5\sqrt{3}$ b) $10\sqrt{5} - 3\sqrt{5}$ c) $3\sqrt{11} - 5\sqrt{11}$

d) $\sqrt{2} + 13\sqrt{2} - 5\sqrt{2}$ e) $-\sqrt{5} - 2\sqrt{3} + 5\sqrt{3}$ f) $7\sqrt{a} - 9\sqrt{a} + 3\sqrt{b} - \sqrt{b}$

7 **Vereinfache.**

a) $(\sqrt{2} + \sqrt{8})^2$ b) $(\sqrt{12} - \sqrt{3})^2$ c) $(\sqrt{20} + \sqrt{5})^2$ d) $\left(2\sqrt{4{,}5} - 3\sqrt{2}\right)^2$

4.5 Terme und Gleichungen mit Quadratwurzeln

Darum geht es

Wurzelgleichungen sind Gleichungen, in denen die eine Variable unter der Wurzel steht. Hier erfährst du, wie man solche Gleichungen lösen kann.

Erinnere dich

Beim Lösen von Gleichungen benötigst du Äquivalenzumformungen. Du solltest die binomischen Formeln anwenden können (↗ 10).

Merksatz

Löse eine Wurzelgleichung, indem du die Gleichung auf beiden Seiten quadrierst.

Beispiel

Löse die Gleichungen:

a) $\sqrt{x} = 10$; **b)** $\sqrt{x+1} = 8$

a) $\sqrt{x} = 10$

$x = 100$

b) $\sqrt{x+1} = 8$

$x + 1 = 64$

$x = 63$

Merksatz

Forme eine Gleichung stets so um, dass der Wurzelausdruck allein auf einer Seite steht.

Beispiele

Löse die Gleichungen: **a)** $\sqrt{x^2 - 16} + 4x + 4 = 5x + 2$; **b)** $\sqrt{x} + 5 = 4\sqrt{x}$

a)
$$\begin{aligned}
\sqrt{x^2 - 16} + 4x + 4 &= 5x + 2 && \mid -4x\\
\sqrt{x^2 - 16} + 4 &= x - 2 && \mid -4\\
\sqrt{x^2 - 16} &= x - 2\\
x^2 - 16 &= x^2 - 4x + 4\\
-16 &= -4x + 4\\
-20 &= -4x && \mid :(-4)\\
5 &= x
\end{aligned}$$

Probe: $\sqrt{25 - 16} + 20 + 4 = 25 + 2$
$3 + 20 + 4 = 27$
$27 = 27$

Die Lösung ist $x = 5$.

b)
$$\begin{aligned}
\sqrt{x} + 5 &= 4\sqrt{x} && \mid -\sqrt{x}\\
5 &= 3\sqrt{x}\\
25 &= 9x\\
\tfrac{25}{9} &= x
\end{aligned}$$

Probe: $\sqrt{\frac{25}{9}} + 4 = 4\sqrt{\frac{25}{9}}$
$\frac{5}{3} + 4 = 4\frac{5}{3}$
$\frac{17}{3} = \frac{17}{3}$

Die Lösung der Gleichung ist $x = \frac{25}{9}$.

1 **Löse die Gleichungen.**

a) $\sqrt{x} = 16$ b) $4\sqrt{a} = 2$ c) $\sqrt{x + 1} = 3$ d) $\sqrt{a - 2} = 8$
e) $\sqrt{x} - 1 = 3$ f) $\sqrt{x} - 6 = 3\sqrt{x}$ g) $\sqrt{2 - 3x} - 5 = 0$

2 **Löse die Gleichungen.**

a) $\frac{\sqrt{x}}{3} = \frac{4}{\sqrt{x}}$ b) $\frac{\sqrt{1 + x}}{\sqrt{4x - 3}} = \frac{2}{3}$ c) $2\sqrt{x} + 4 = 3\sqrt{x}$ d) $\frac{\sqrt{x + 2}}{2} - \sqrt{x} = 0$
e) $25x^2 = 4$ f) $x^2 - 1 = \frac{7}{9}$ g) $x^2 + 18 = 26$ h) $a^2x^2 - b^2 = 0$

3 **Berechne die Fläche bei a) sowie Umfang und Fläche bei b).**

a)
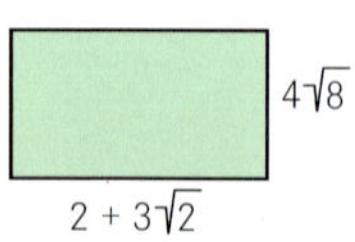

$U = 8 + 4\sqrt{2}$

b)
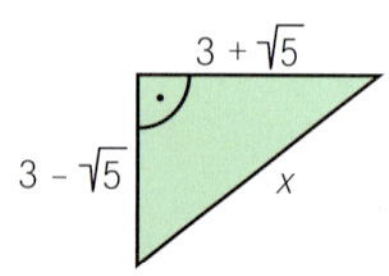

Test Kapitel 4

1 Berechne mittels Intervallschachtelung auf zwei Dezimalstellen genau. | 10 |

a) $\sqrt{10}$

b) $\sqrt{200}$

2 Ordne auf zeichnerischem Weg einen Punkt auf dem Zahlenstrahl zu. | 10 |

a) $\sqrt{18}$ ($\overline{AB} = 3\,\text{cm}$; $\overline{BC} = 3\,\text{cm}$)

b) $\sqrt{20}$ ($\overline{AB} = 4\,\text{cm}$; $\overline{BC} = 2\,\text{cm}$)

3 Vereinfache. | 10 |

a) $2\sqrt{3} - 5\sqrt{2} + 4\sqrt{3} + 6\sqrt{2}$

b) $5\sqrt{8} \cdot 4\sqrt{2}$

c) $5\sqrt{8} : 4\sqrt{2}$

4 Mache den Nenner rational. | 10 |

a) $\frac{2}{\sqrt{5}}$

b) $\frac{3\sqrt{2}}{5\sqrt{8}}$

5 Löse die Gleichungen (Probe). | 10 |

a) $\frac{\sqrt{x}}{2} = 2$

b) $2\sqrt{x^2 - 16} = 2x + 16$

|| 50 ||

Wie viele Punkte hast du? Erreichst du mehr als 13 Punkte, beherrschst du den Inhalt des Kapitels wirklich gut. Erreichst du weniger als 6 Punkte, dann solltest du dieses Kapitel wiederholen.

5 SATZGRUPPE DES PYTHAGORAS

Was du schon können musst:

- ▷ Dreiecke nach Winkeln und Seiten unterscheiden.
- ▷ den Flächeninhalt eines Dreiecks berechnen können.
- ▷ Höhen im Dreieck einzeichnen und bezeichnen können.

Alle drei Punkte werden in Kapitel 5.1 wiederholt.

Darum geht es

Dreiecke berechnen in der Ebene und im Raum.

5.1 Wiederholung Dreiecke

Dreiecke werden einmal nach Winkeln (spitzwinklig, stumpfwinklig, rechtwinklig) und zum anderen nach Seitenlängen (gleichseitig, gleichschenklig, allgemein) eingeteilt. Für dieses Kapitel ist die Einteilung nach Winkeln wichtig. Ein Dreieck heißt:

spitzwinklig, wenn alle Winkel < 90°.

rechtwinklig, wenn ein Winkel = 90°.

stumpfwinklig, wenn ein Winkel > 90°.

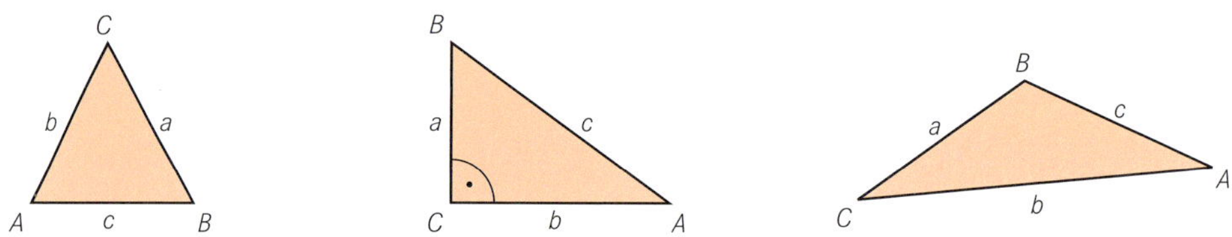

Bezeichnung der Dreiecke:

- ▷ die *Ecken* mit Großbuchstaben *gegen den Uhrzeigersinn* bezeichnen,
- ▷ dann die *gegenüberliegenden Seiten* mit den entsprechenden kleinen Buchstaben und
- ▷ schließlich die *Winkel* mit den zugehörigen griechischen Buchstaben.

Im folgenden Kapitel wirst du dich im Wesentlichen mit rechtwinkligen Dreiecken befassen. Der Satz des PYTHAGORAS gilt ausschließlich für rechtwinklige Dreiecke. Bei rechtwinkligen Dreiecken gibt es besondere Bezeichnungen:

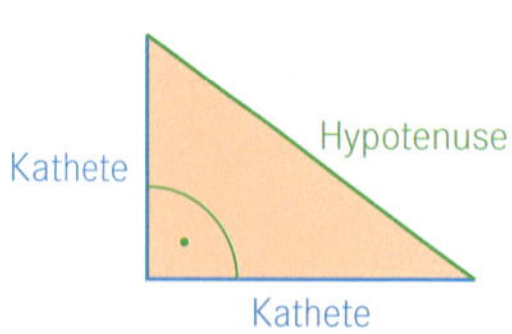

Die Seite, die dem rechten Winkel *gegenüberliegt,* heißt **Hypotenuse.** Sie ist zugleich die längste Seite im Dreieck. Die beiden Seiten, die den rechten Winkel *einschließen,* heißen **Katheten.**

Höhen im Dreieck und Flächenberechnung:
Die **Höhe** in einem Dreieck ist eine Strecke von einem Eckpunkt senkrecht zur gegenüberliegenden Seite. Jedes Dreieck hat also drei Höhen.
Wie du in der Skizze siehst, sind bei einem rechtwinkligen Dreieck die Katheten zugleich die Höhen der jeweils anderen Kathete.

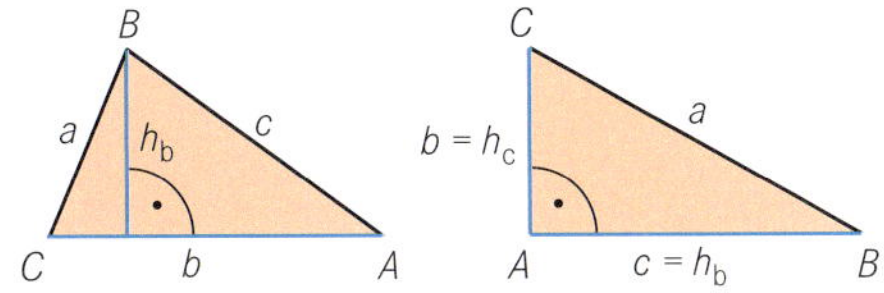

Das führt zu einer vereinfachten
Formel für die Flächenberechnung: $A = (\textit{Grundseite} \cdot \textit{Höhe}) : 2 = (\textit{Kathete} \cdot \textit{Kathete}) : 2.$

5.2 Satz des Pythagoras

Der griechische Mathematiker Pythagoras, Führer eines Geheimbundes um 500 v. Chr., hat herausgefunden, dass bei rechtwinkligen Dreiecken besondere Regeln gelten.
In der Abbildung siehst du zwei gleich große Quadrate mit den Seitenlängen $a + b$, in die auf verschiedene Art und Weise je vier gleich große rechteckige Dreiecke so gelegt wurden, dass nur quadratische Flächen übrigbleiben.

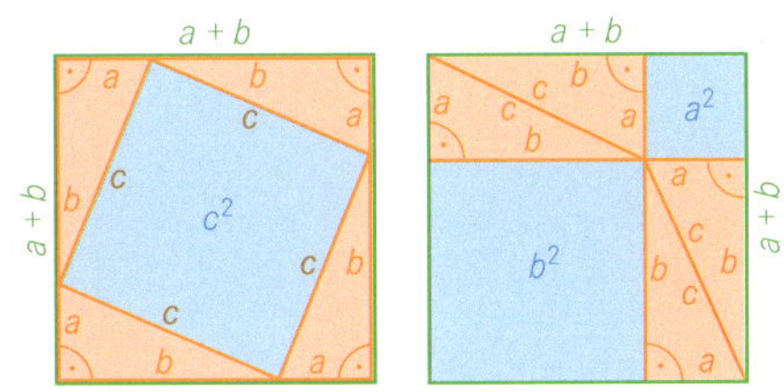

Vom ursprünglichen, großen Quadrat wird durch die vier flächengleichen Dreiecke in beiden Figuren gleich viel Fläche abgedeckt. Also haben die quadratischen Flächen, die übrigbleiben, in beiden Figuren insgesamt den gleichen Flächeninhalt: $c^2 = a^2 + b^2$.
Die Restfläche ist zwar unterschiedlich aufgeteilt, aber gleich groß. Die neu entstandenen Quadrate entsprechen den Quadraten über den drei Seiten des rechtwinkligen Dreiecks. Diesen Zusammenhang nennt man den *Satz des Pythagoras.*

Satz des Pythagoras

In jedem rechtwinkligen Dreieck ist die Summe der beiden Quadrate über den Katheten (hier a und b) genauso groß wie das Quadrat über der Hypotenuse (hier c).

$a^2 + b^2 = c^2$ (für $\gamma = 90°$)

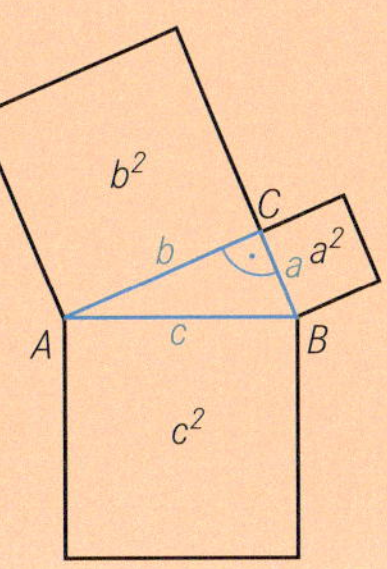

5 SATZGRUPPE DES PYTHAGORAS

Dieser Satz hilft dir dabei, fehlende Seitenlängen in einem rechtwinkligen Dreieck zu berechnen.

Beispiele:

a) In einem rechtwinkligen Dreieck *ABC* ($\gamma = 90°$) soll aus den beiden Katheten $a = 3{,}8\,\text{cm}$ und $b = 6{,}2\,\text{cm}$ die Hypotenuse *c* errechnet werden.

Lösung:

$a^2 + b^2 = c^2 \quad | \sqrt{}$

$\sqrt{a^2 + b^2} = c$

$\sqrt{(3{,}8\,\text{cm})^2 + (6{,}2\,\text{cm})^2} = c \approx 7{,}27\,\text{cm}$

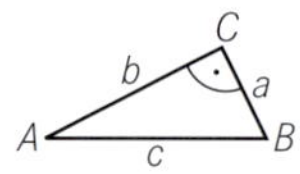

b) In einem rechtwinkligen Dreieck *ABC* ($\gamma = 90°$) soll aus der Kathete $a = 3\,\text{cm}$ und der Hypotenuse $c = 8\,\text{cm}$ die Kathete *b* errechnet werden.

Lösung:

$a^2 + b^2 = c^2 \quad | -a^2$

$b^2 = c^2 - a^2 \quad | \sqrt{}$

$b = \sqrt{c^2 - a^2}$

$b = \sqrt{(8\,\text{cm})^2 - (3\,\text{cm})^2} \approx 7{,}42\,\text{cm}$

1 Färbe die Katheten blau, die Hypotenuse rot. Schreibe den Satz des Pythagoras für jedes rechtwinklige Dreieck auf.

Gib bei h) und i) die Seiten in Streckenschreibweise ($\overline{AB}$) an. Bei i) gibt es mehrere rechtwinklige Dreiecke.

a)

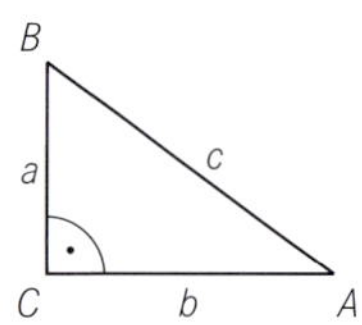

b)

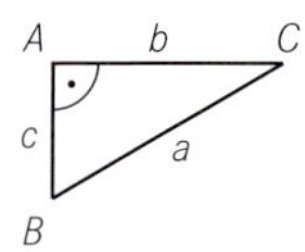

c)

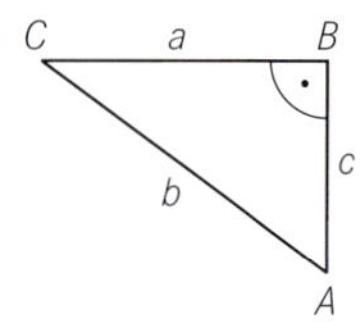

d)

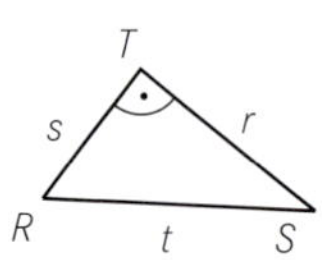

e)

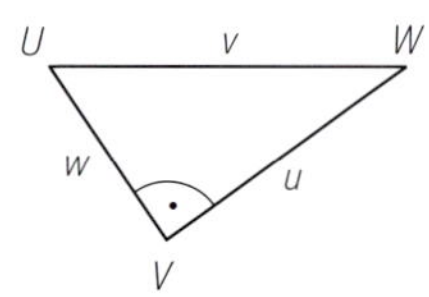

f)

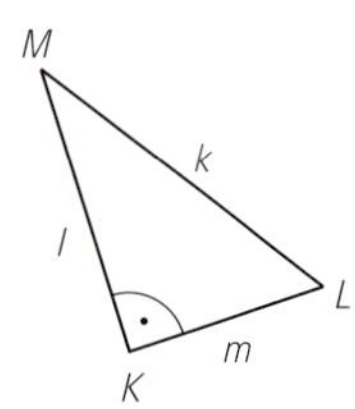

g)

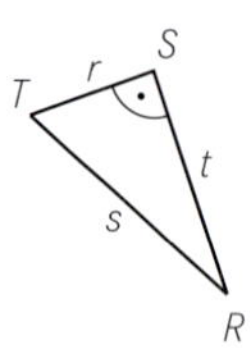

h)

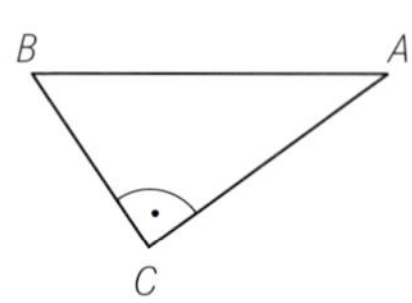

i)

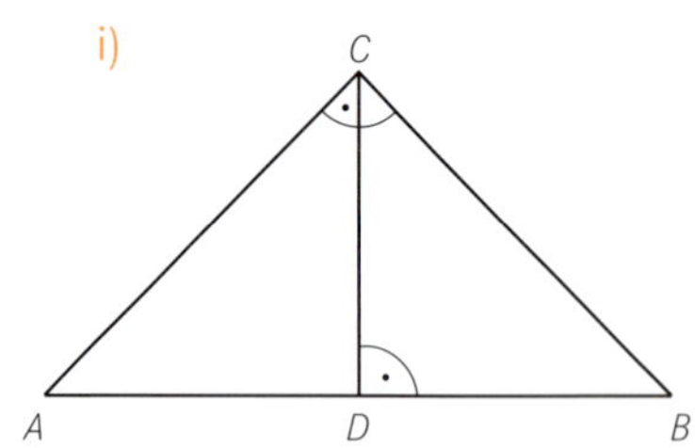

2 **Berechne die Länge der Hypotenuse.**

Tipp Achte auf die Lage des rechten Winkels.
Mache dir für die Aufgaben d und e je eine Skizze.

a)
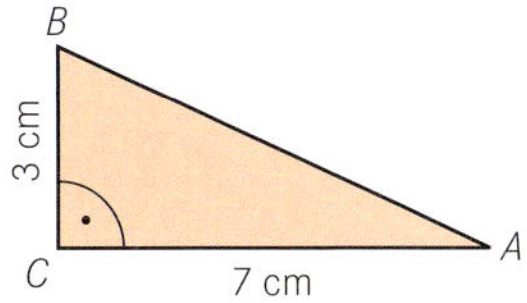

b)
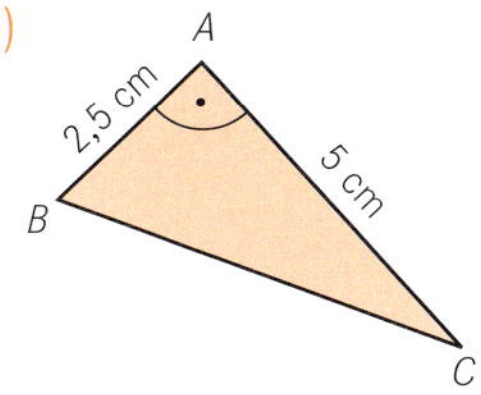

c)
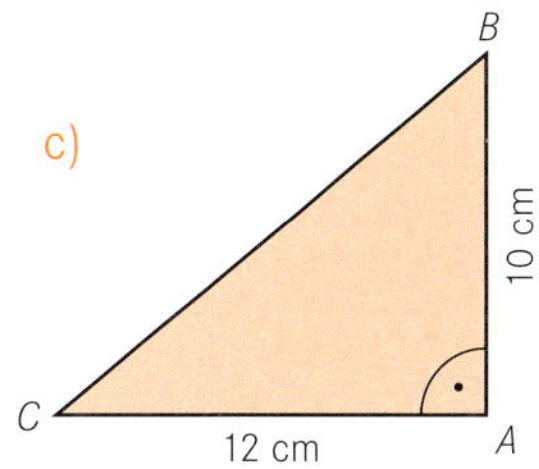

d) $a = 5\,\text{cm}$; $b = 8\,\text{cm}$ [$\gamma = 90°$]

e) $a = 2{,}5\,\text{cm}$; $b = 7\,\text{cm}$ [$\gamma = 90°$]

3 **Berechne die Länge der fehlenden Kathete.**

Tipp Achte auf die Lage des rechten Winkels. Mache dir für die Aufgaben d und e je eine Skizze.

a)
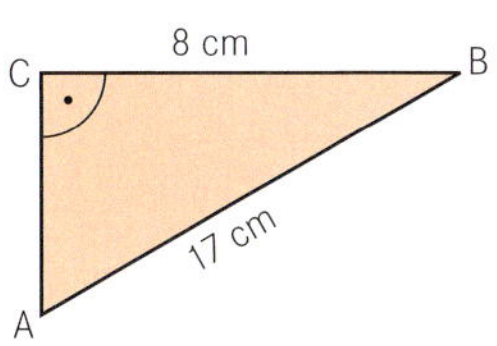

b)
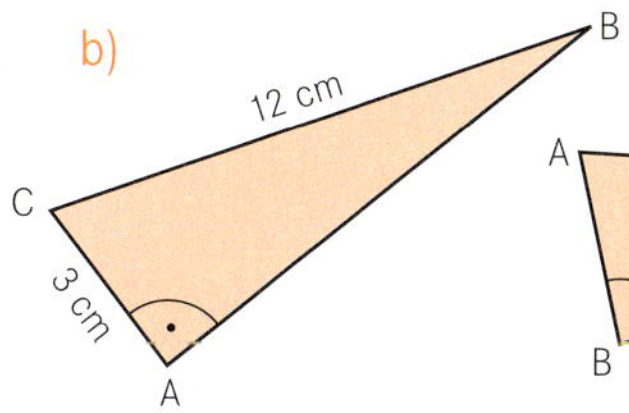

c)
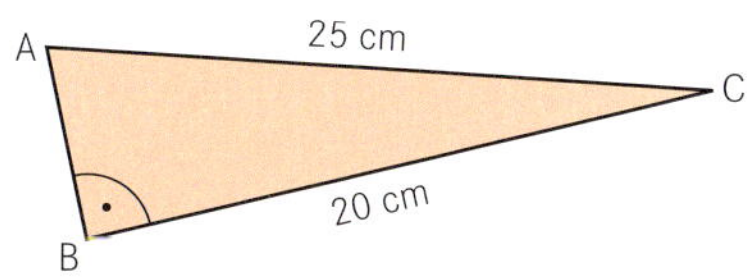

d) $a = 4\,\text{cm}$; $c = 12\,\text{cm}$ [$\gamma = 90°$]

e) $b = 4{,}6\,\text{cm}$; $c = 7{,}8\,\text{cm}$ [$\gamma = 90°$]

Umkehrung des Satzes des Pythagoras

Es gilt auch die *Umkehrung des Satzes des Pythagoras,* das bedeutet, du kannst mit der Gleichung überprüfen, ob ein Dreieck spitzwinklig, rechtwinklig oder stumpfwinklig ist, ohne es zu zeichnen.

Für ein Dreieck *ABC*, bei dem *c* die längste Seite ist, gilt:

$a^2 + b^2 > c^2$ → Das Dreieck ist spitzwinklig.

$a^2 + b^2 = c^2$ → Das Dreieck ist rechtwinklig.

$a^2 + b^2 < c^2$ → Das Dreieck ist stumpfwinklig.

Beispiele:

a) Ein Dreieck hat die Seitenlängen 3 cm, 4 cm und 5 cm.
$(3\,\text{cm})^2 + (4\,\text{cm})^2 = (5\,\text{cm})^2$ → Das Dreieck ist rechtwinklig.

b) Ein Dreieck hat die Seitenlängen 2 cm, 4 cm und 9 cm.
$(2\,\text{cm})^2 + (4\,\text{cm})^2 < (5\,\text{cm})^2$ → Das Dreieck ist stumpfwinklig.

c) Ein Dreieck hat die Seitenlängen 12 cm, 14 cm und 8 cm.
$(12\,\text{cm})^2 + (8\,\text{cm})^2 > (14\,\text{cm})^2$ → Das Dreieck ist spitzwinklig.

4 **Überprüfe mit der Umkehrung des Satzes des Pythagoras, ob das Dreieck rechtwinklig ist.**

Tipp ↗ Kasten S. 67: „Umkehrung des Satzes des Pythagoras“

a) 4 cm; 5 cm; 6 cm;
b) 15 cm; 8 cm; 17 cm
c) 5 cm; 12 cm; 13 cm
d) 10 cm; 20 cm; 25 cm
e) 8 cm; 10 cm; 14 cm
f) 11 cm; 7 cm; 13 cm

5.3 Pythagoras in der Ebene

Darum geht es

In der Geometrie braucht man den Satz des Pythagoras häufig, um fehlende Größen zu berechnen, z. B. die Höhe in Dreiecken, in Trapezen oder in Parallelogrammen.

Beispiele

a) In jedes beliebige Dreieck kannst du eine Höhe einzeichnen und so rechtwinklige Dreiecke erzeugen, in denen der Satz des Pythagoras gilt (siehe Skizze).

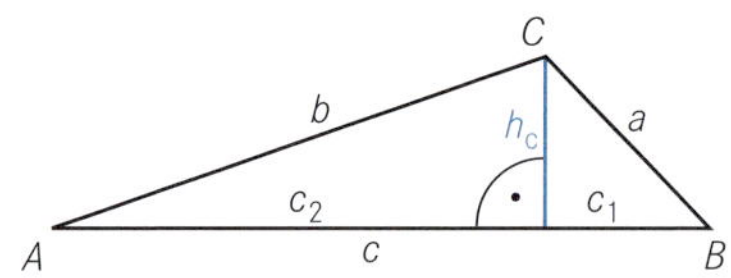

$a = 3$ cm; $b = 6$ cm; $h_c = 2$ cm; berechne c.

Berechnung c_1:

$a^2 = h_c^2 + c_1^2 \quad | -h_c^2$

$a^2 - h_c^2 = c_1^2 \quad | \sqrt{\ }$

$\sqrt{a^2 - h_c^2} = c_1$

$\sqrt{(3\text{ cm})^2 - (2\text{ cm})^2} = c_1$

$c_1 \approx 2{,}24$ cm

Berechnung c_2:

$b^2 = h_c^2 + c_2^2 \quad | -h_c^2$

$b^2 - h_c^2 = c_2^2 \quad | \sqrt{\ }$

$\sqrt{b^2 - h_c^2} = c_2$

$\sqrt{(6\text{ cm})^2 - (2\text{ cm})^2} = c_2$

$c_2 \approx 5{,}66$ cm

$c = c_1 + c_2 = 2{,}24\text{ cm} + 5{,}66\text{ cm} = 7{,}9\text{ cm}$

b) Auch im Trapez kannst du die Höhe so einzeichnen, dass ein rechtwinkliges Dreieck entsteht (siehe Skizze).

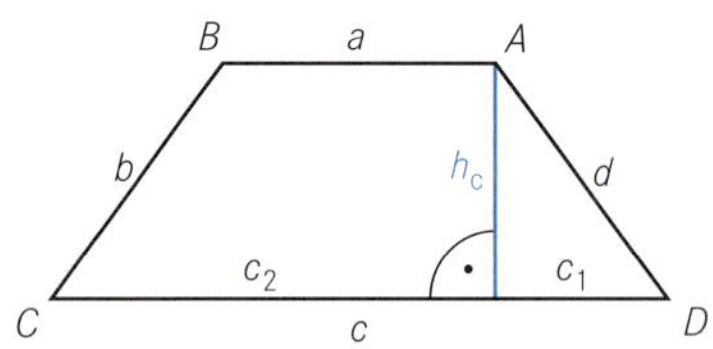

$a = 5$ cm; $c = 10$ cm; $h_c = 3$ cm; $b = d$ (also ist dies ein *gleichschenkliges* Trapez); berechne b (= d).

$c_1 = \frac{(c - a)}{2}$

$c_1 = \frac{(10\text{ cm} - 5\text{ cm})}{2} = \frac{5\text{ cm}}{2} = 2{,}5\text{ cm}$

$h_c^2 + c_1^2 = d^2 \quad | \sqrt{\ }$

$d = \sqrt{h_c^2 + c_1^2}$

$d = \sqrt{(3\text{ cm})^2 + (2{,}5\text{ cm})^2} \approx 3{,}91\text{ cm}$

1 **Berechne die Diagonale des Quadrats. Runde sinnvoll.**

a) $a = 5\,\text{cm}$ b) $a = 7{,}8\,\text{cm}$ c) $a = 2\,\text{cm}$ d) $a = 10\,\text{cm}$

2 **Berechne die Länge der mit Buchstaben bezeichneten Seiten. Runde sinnvoll.**

a)
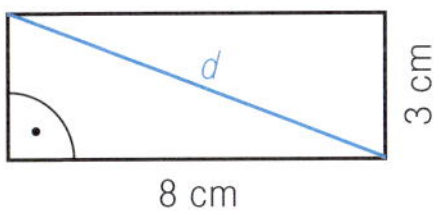

b)
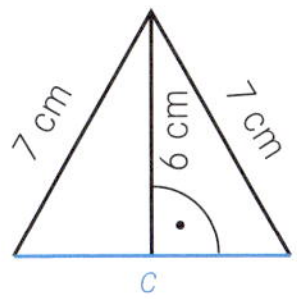

c)
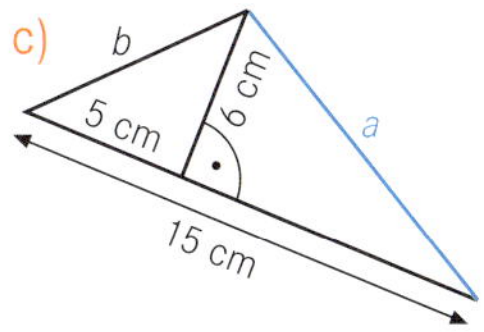

d)
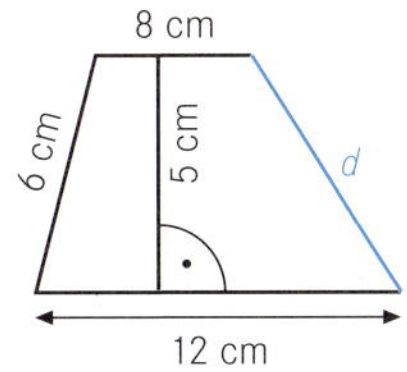

e)
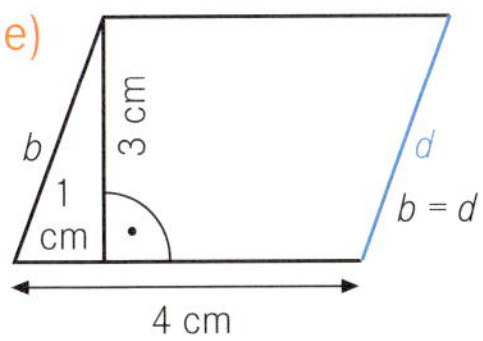

f)
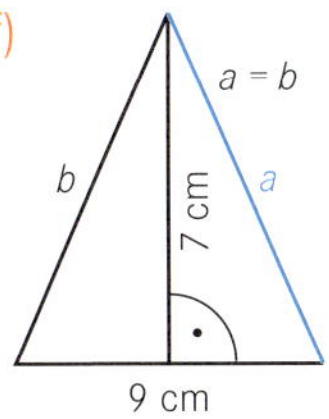

g)
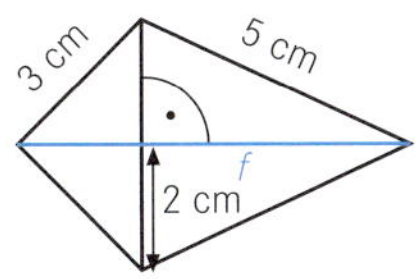

h)
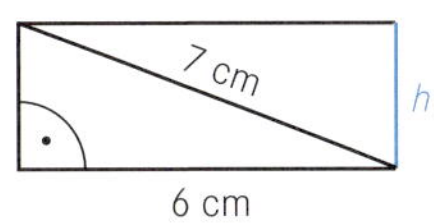

3 **Hier sind die Formen dreier Dächer gezeigt. Wie hoch sind sie?**

a)
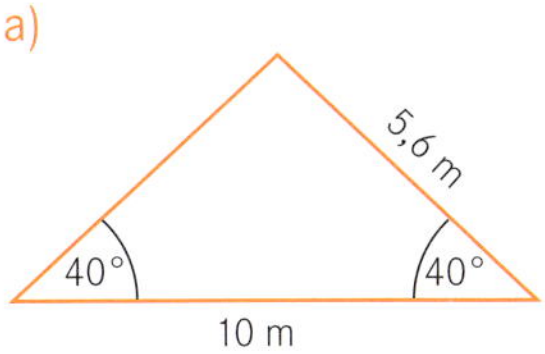

b)
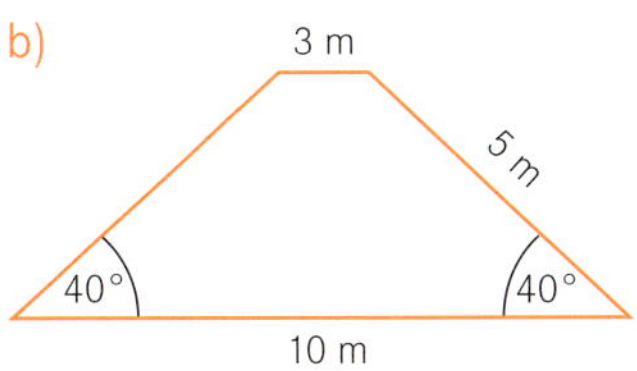

c)
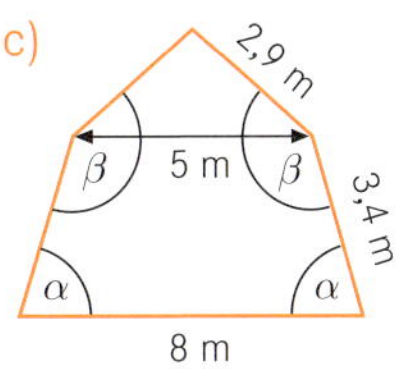

4 **Berechne jeweils den Flächeninhalt und den Umfang der Figur.**

Tipp Du musst dir die Figur so einteilen, dass du Flächen erhältst, die du berechnen kannst (Rechteck, Quadrat, Dreieck ...).

a)
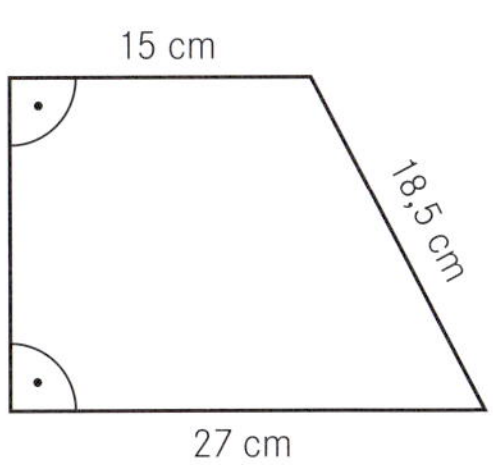

b)
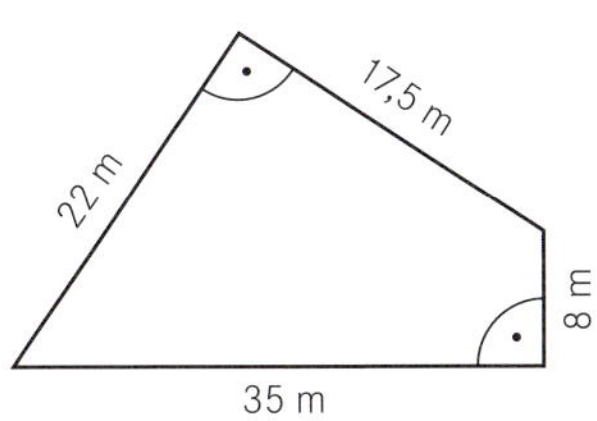

c)
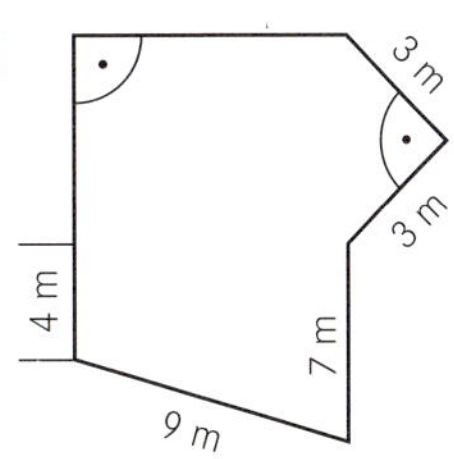

5.4 Pythagoras im Raum

Darum geht es

Auch bei Berechnungen im Raum brauchst du den Satz des Pythagoras, z. B. zur Berechnung der Raumdiagonalen oder der Luftlinienentfernung zweier Berggipfel.

Beispiele

a) Berechne die Raumdiagonale d eines Würfels mit der Kantenlänge $a = 4\,\text{cm}$.
Für die Berechnung von d sind zwei Rechnungen nötig. Bevor du die Länge der Raumdiagonale d berechnen kannst, musst du zunächst die Länge der Flächendiagonale e bestimmen.

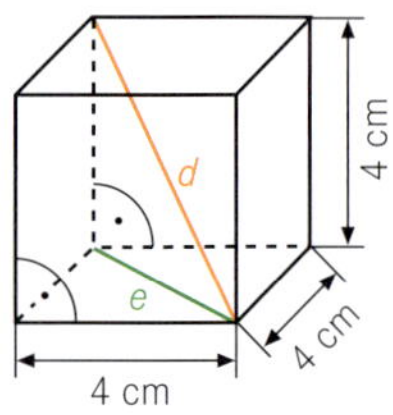

Lösung in zwei Schritten:

1. Schritt:

$a^2 + a^2 = e^2 \quad | \sqrt{\ }$

$e = \sqrt{2a^2}$

$e = \sqrt{2\,(4\,\text{cm})^2} \approx 5{,}66\,\text{cm}$

2. Schritt:

$e^2 + a^2 = d^2 \quad | \sqrt{\ }$

$d = \sqrt{e^2 + a^2}$

$d = \sqrt{(5{,}66\,\text{cm})^2 + (4\,\text{cm})^2} \approx 6{,}93\,\text{cm}$

b) Wie hoch ist die Pyramide mit quadratischer Grundfläche? Gegeben ist die Länge der Grundseite $a = 5\,\text{m}$ und die Höhe der Seitenfläche $h_a = 9{,}5\,\text{m}$.

$h_a^2 = h_k^2 + \left(\frac{a}{2}\right)^2 \quad | - \left(\frac{a}{2}\right)^2$

$h_a^2 - \left(\frac{a}{2}\right)^2 = h_k^2 \quad | \sqrt{\ }$

$h_k = \sqrt{h_a^2 - \left(\frac{a}{2}\right)^2}$

$h_k = \sqrt{(9{,}5\,\text{m})^2 - (2{,}5\,\text{m})^2} \approx 9{,}17\,\text{m}$

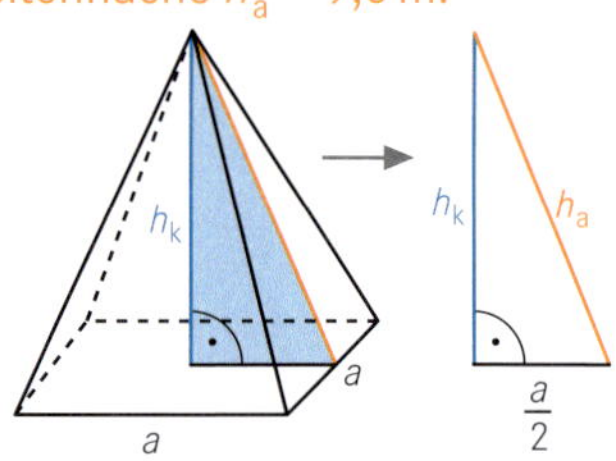

1 Bestimme jeweils die Raumdiagonale.

Tipp Orientiere dich an der Skizze zu Beispiel a.

a) Ein Würfel hat die Kantenlänge $a = 15\,\text{cm}$.
b) Ein Würfel hat die Kantenlänge $a = 6\,\text{cm}$.
c) Ein Quader hat die Kantenlängen $a = 3\,\text{cm}$; $b = 5\,\text{cm}$; $c = 7\,\text{cm}$.
d) Ein Quader hat die Kantenlängen $a = 9\,\text{cm}$; $b = 4\,\text{cm}$; $c = 2\,\text{cm}$.

2 Bestimme die Höhe ...

a) ... einer quadratischen Pyramide mit einer Grundseitenlänge von 6,5 m und einer Seitenflächenhöhe von 8 m (siehe Skizze Beispiel b).

b) ... eines Turmes, der aus einem Würfel mit einem pyramidenförmigen Dach besteht. Die Kantenlänge des würfelförmigen Podestes beträgt $a = 7\,\text{m}$, die Kantenlänge s des Daches $s = 11\,\text{m}$.
Tipp Berechne erst h_a, dann h_k und schließlich die Gesamthöhe h.

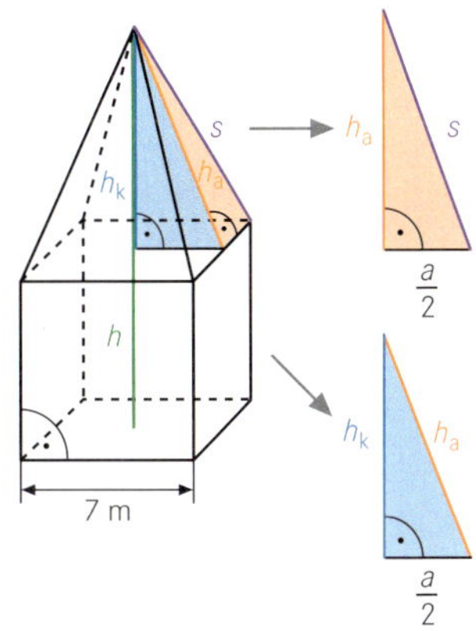

5.5 Kathetensatz und Höhensatz

Darum geht es

Neben dem Satz des Pythagoras gibt es noch zwei weitere Zusammenhänge zwischen den quadratischen Flächen über den Seiten eines rechtwinkligen Dreiecks: den Kathetensatz und den Höhensatz. Auch diese beiden Sätze helfen dir, unbekannte Seiten im rechtwinkligen Dreieck zu berechnen.

Vorüberlegungen

In einem rechtwinkligen Dreieck teilt die Höhe zur Hypotenuse (h_c) die Hypotenuse in zwei Stücke, die *Hypotenusenabschnitte* genannt werden. Die beiden Hypotenusenabschnitte werden mit p und q bezeichnet, dabei heißt der Abschnitt p, der bei der Kathete a liegt, und der Abschnitt q, der bei der Kathete b liegt (Merkhilfe: a steht im Alphabet vor b, p vor q).

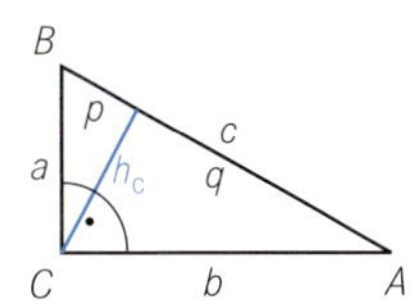

Kathetensatz

Bei einem rechtwinkligen Dreieck mit $\gamma = 90°$ (s. Skizze) gilt:

$\boldsymbol{a^2 = c \cdot p}$

$\boldsymbol{b^2 = c \cdot q}$

In Worten: In einem rechtwinkligen Dreieck ist das Kathetenquadrat so groß wie das Rechteck aus der Hypotenuse und dem zur Kathete gehörigen Hypotenusenabschnitt.

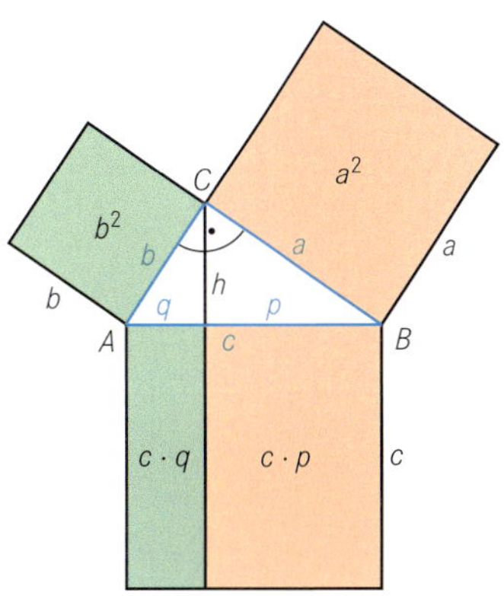

Woher weiß man das? Wie kann man beweisen, dass der Kathetensatz bei jedem rechtwinkligen Dreieck gilt?

1. Man konstruiert mit einem beliebigen Dreieck auf zwei verschiedene Weisen zwei gleich große Vierecke:

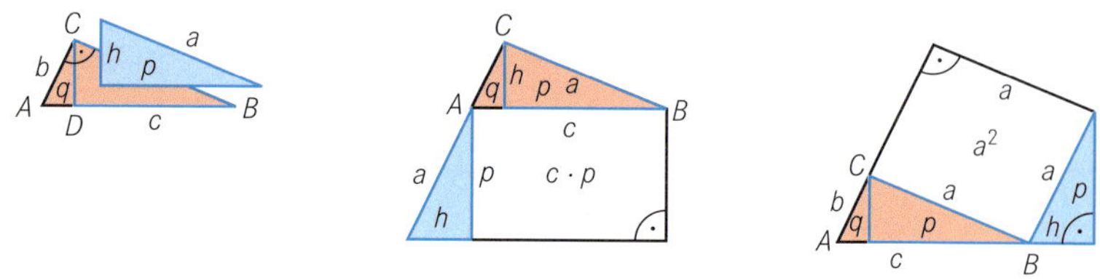

Die Seitenlängen und Winkel sind bei beiden Vierecken gleich (du kannst es nachprüfen!), also ist der Flächeninhalt auch gleich groß.

2. Der Flächeninhalt bleibt auch gleich groß, wenn man von beiden Vierecksflächen das blaue und das orangefarbene Dreieck abzieht.
3. Übrig bleiben das Rechteck $c \cdot p$ und das Quadrat a^2. Nach der vorigen Überlegung haben sie den gleichen Flächeninhalt: $a^2 = c \cdot p$. Das ist der erste Teil des Kathetensatzes!

In den gleichen 3 Schritten kann man den zweiten Teil des Kathetensatzes $b^2 = c \cdot q$ beweisen.

Höhensatz

Bei einem rechtwinkligen Dreieck mit $\gamma = 90°$ (s. Skizze) gilt:
$\boldsymbol{h^2 = p \cdot q}$.
In Worten: In einem rechtwinkligen Dreieck ist das Quadrat über der Höhe genauso groß, wie das Rechteck aus den beiden Hypotenusenabschnitten.

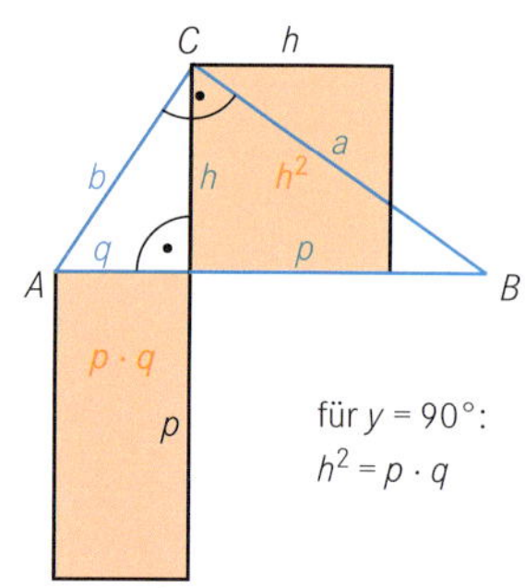

Die Beweisidee ist beim Höhensatz ganz ähnlich wie oben beim Kathetensatz:

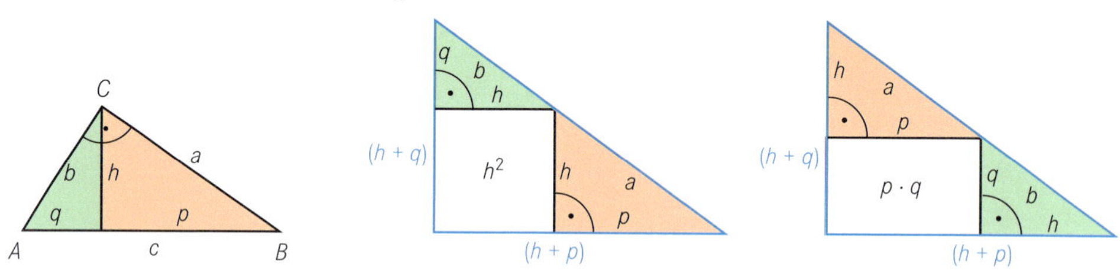

Ein rechtwinkliges Dreieck wird entlang der Höhe zur Hypotenuse zerschnitten. In der Abbildung siehst du, wie die beiden dadurch entstandenen rechtwinkligen Dreiecke auf verschiedene Art und Weise in zwei gleich große rechtwinklige Dreiecke gelegt werden. Dabei bleiben wieder zwei gleich große Flächen unterschiedlicher Form übrig: das Quadrat h^2 und das Rechteck $p \cdot q$.

Beispiele

Berechne aus den gegebenen Größen eines rechtwinkligen Dreiecks ($\gamma = 90°$) alle fehlenden Seiten.

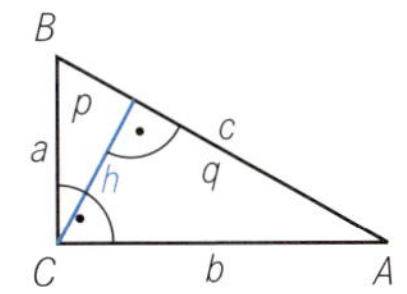

1. gegeben: $p = 3\,cm$; $q = 5\,cm$

1. Schritt: $h^2 = p \cdot q \quad | \sqrt{\ }$

$h = \sqrt{p \cdot q}$

$= \sqrt{3\,cm \cdot 5\,cm}$

$\approx 3{,}87\,cm$

2. Schritt: $c = p + q = 8\,cm$

3. Schritt: $a^2 = h^2 + p^2 \quad | \sqrt{\ }$

$a = \sqrt{h^2 + p^2}$

$= \sqrt{(3{,}87\,cm)^2 + (3\,cm)^2}$

$\approx 4{,}9\,cm$

4. Schritt: $b = \sqrt{h^2 + q^2}$

$= \sqrt{(3{,}87\,cm)^2 + (5\,cm)^2}$

$\approx 6{,}32\,cm$

5. Schritt: $A = (a \cdot b) : 2$

$= (4{,}9\,cm \cdot 6{,}32\,cm) : 2$

$= 15{,}19\,cm^2$

2. gegeben: $a = 5\,m$; $p = 2\,m$

1. Schritt: $a^2 = p^2 + h^2 \quad | -p^2$

$a^2 - p^2 = h^2 \quad | \sqrt{\ }$

$h = \sqrt{a^2 - p^2}$

$= \sqrt{(5\,m)^2 - (2\,m)^2} \approx 4{,}58\,m$

2. Schritt: $h^2 = p \cdot q \quad | : p$

$q = h^2 : p$

$= (4{,}58\,m)^2 : 2\,m \approx 10{,}49\,m$

3. Schritt: $c = p + q = 12{,}49\,m$

4. Schritt: $b^2 = q \cdot c \quad | \sqrt{\ }$

$b = \sqrt{q \cdot c}$

$= \sqrt{10{,}49\,m \cdot 12{,}49\,m}$

$\approx 11{,}45\,m$

5. Schritt: $A = (a \cdot b) : 2$

$= (5\,m \cdot 11{,}45\,m) : 2$

$= 28{,}625\,m^2$

Tipp Oft hast du mehrere Möglichkeiten, die gesuchten Größen zu errechnen.

1 **Berechne die fehlenden Größen des Dreiecks *ABC* ($\gamma = 90°$). Orientiere dich an der Skizze zu den Beispielen.**

	a	*b*	*c*	*h*	*p*	*q*	*A*
a)	7,5 cm	9,5 cm					
b)				6 cm	2 cm		
c)		3 cm				2,5 cm	
d)					4,6 cm	5,4 cm	
e)			23,8 cm		15 cm		

2 **Berechne die gefärbte Seite.**

a)

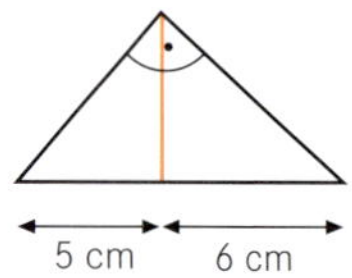

b)

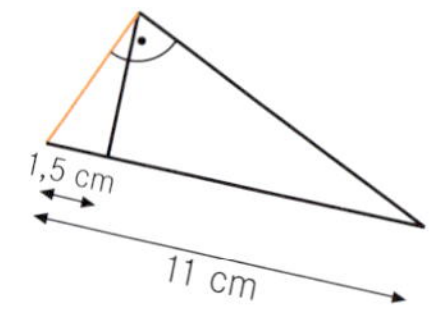

c)

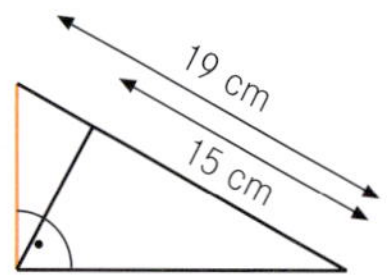

d)

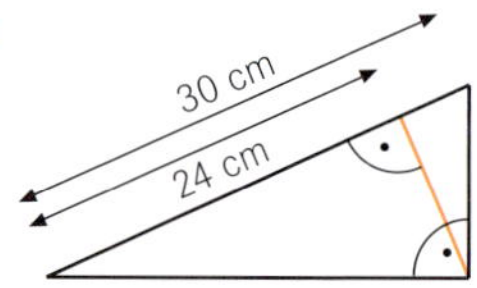

Tipp zu Aufgabe 3

Den Kathetensatz kann man nutzen, um mit Geodreieck und Zirkel zu einem gegebenen Rechteck ein Quadrat zu konstruieren, das denselben Flächeninhalt hat.

Beispiel: Gegeben ist das Rechteck *ABCD*.

1. Konstruiere die Mittelsenkrechte zu $\overline{CD}$ und bestimme so ihren Mittelpunkt *M*.
2. Zeichne über der Strecke $\overline{CD}$ einen Thaleskreis (also einen Halbkreis über der Strecke $\overline{CD}$ mit Mittelpunkt *M*).
3. Ziehe um *D* einen Kreis mit dem Radius $\overline{AD}$. Du erhältst den Schnittpunkt *E* auf der Rechteckseite.
4. Zeichne durch den Punkt *E* eine zu der Strecke $\overline{CD}$ senkrechte Gerade. Du erhältst den Schnittpunkt *F* mit dem Thaleskreis.
5. Zeichne das rechtwinklige Dreieck *DCF*.
6. Konstruiere über der gesamten Kathete $\overline{DF}$ ein Quadrat.

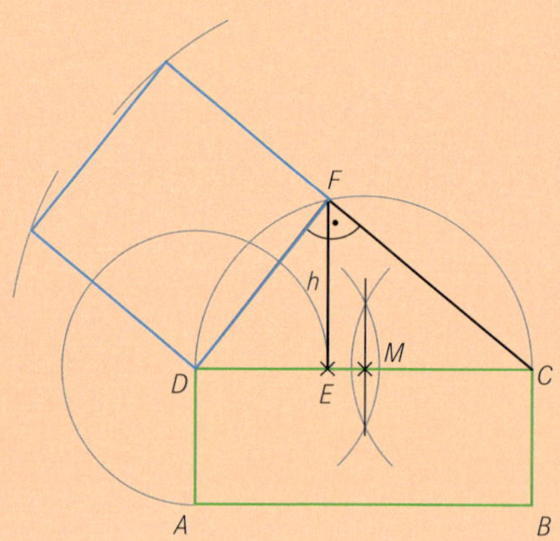

3 **Konstruiere mithilfe des Kathetensatzes zu einem Rechteck mit den angegebenen Seitenlängen ein flächengleiches Quadrat.**

a) $a = 4\,\text{cm}$; $b = 6\,\text{cm}$ b) $a = 7\,\text{cm}$; $b = 2\,\text{cm}$ c) $a = 3\,\text{cm}$; $b = 5\,\text{cm}$

Tipp zu Aufgabe 4

Auch anhand des Höhensatzes kann man mit Geodreieck und Zirkel zu einem gegebenen Rechteck ein flächengleiches Quadrat konstruieren.

Beispiel: Gegeben ist das Rechteck *ABCD*.

1. Verlängere die Seite $\overline{CD}$ nach links.
2. Ziehe um *D* einen Kreis mit dem Radius $\overline{AD}$. Du erhältst den Schnittpunkt *E*.
3. Konstruiere die Mittelsenkrechte zu $\overline{CE}$ und bestimme so ihren Mittelpunkt *M*.

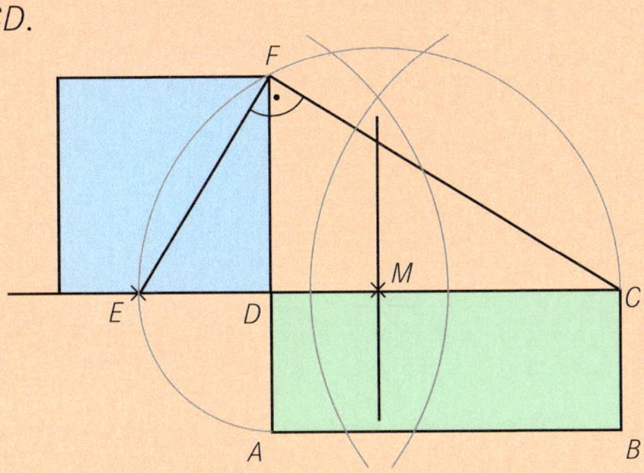

4. Zeichne über der Strecke $\overline{CE}$ einen Thaleskreis (vergleiche Tipp zu Aufgabe 3).
5. Verlängere die Strecke $\overline{AD}$ so, dass du den Schnittpunkt *F* auf dem Thaleskreis erhältst.
6. Zeichne das rechtwinklige Dreieck *CFE*.
7. Konstruiere über der gesamten Höhe $\overline{DF}$ ein Quadrat.

4 **Konstruiere mithilfe des Höhensatzes zu einem Rechteck mit den angegebenen Seitenlängen ein flächengleiches Quadrat.**

a) $a = 4\,\text{cm};\ b = 6\,\text{cm}$ b) $a = 7\,\text{cm};\ b = 2\,\text{cm}$ c) $a = 3\,\text{cm};\ b = 5\,\text{cm}$

5.6 Vermischte Sachaufgaben

Tipp Mache dir immer zuerst eine Skizze zur beschriebenen Situation.

1 **Modelleisenbahn aufbauen**

Peter möchte im Keller seine Modelleisenbahn aufbauen. Als Unterlage soll eine quadratische Platte dienen, deren Seiten 2,15 m lang sind. Die Tür zu dem Kellerraum ist 2 m hoch und 80 cm breit. Bekommt Peter die Platte als Ganzes in den Raum? (Die Dicke der Platte kannst du vernachlässigen.)

2 **Feuerwehreinsatz**

Die Feuerwehr setzt bei einem Einsatz ihre Drehleiter ein. Die Drehleiter ist auf 25 m Länge ausgefahren, sie steht 9 m von der Hauswand entfernt. Der Sockel, auf dem sie steht, ist ca. 2,2 m hoch. Wie hoch reicht die Drehleiter?

3 Bauvorhaben

Familie Müller möchte in ihrem Garten ein Gartenhaus errichten und dafür Holz von einer gefällten Fichte verwenden. Der Stamm ist kreisrund und hat einen Durchmesser von 24 cm.

a) Aus einem Teil des Stammes möchte Herr Müller möglichst große quadratische Balken sägen. Welche Kantenlänge muss er wählen?

b) Aus einem anderen Teil des Stammes sollen rechteckige Balken entstehen, die mindestens 15 cm breit sind. Wie lang ist die andere Kante des rechteckigen Querschnitts höchstens?

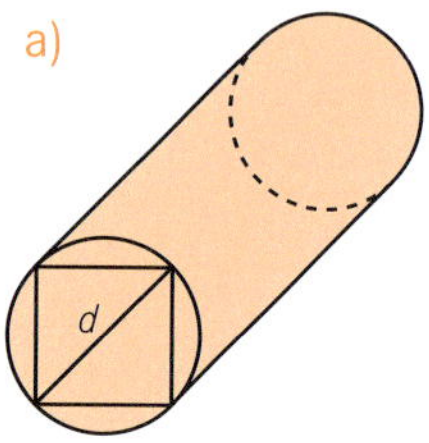

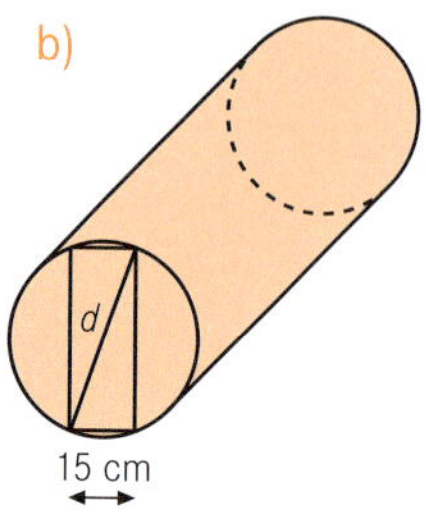

4 Stadtfest

Anlässlich des Stadtfestes in Steinhagen werden in der Fußgängerzone 5,70 m lange Stahlseile quer über die Straße straff gespannt und in deren Mitte schwere Leuchtkugeln befestigt. Durch das Gewicht der Kugeln wird das Stahlseil um 10,5 cm gedehnt. Wie weit hängt das Seil an der tiefsten Stelle herunter?

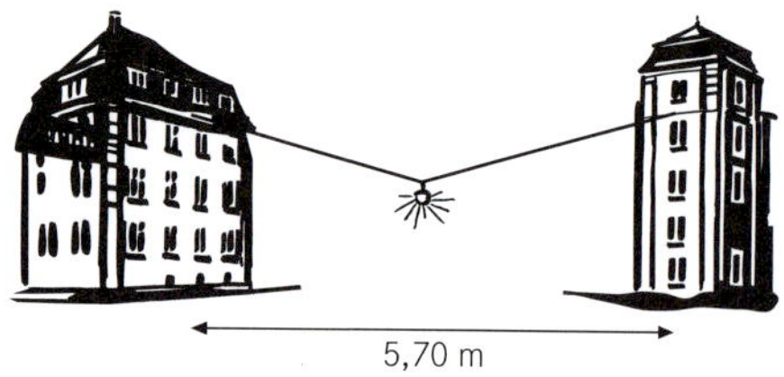

5 Neues Kirchendach

Das pyramidenförmige Dach einer Kirche soll restauriert werden. Das Dach hat eine quadratische Grundfläche mit einer Kantenlänge von 8 m und ist 6 m hoch. Welche Länge müssen die mittleren Dachsparren (in der Skizze blau gefärbt) haben, wenn sie noch 30 cm überstehen sollen?

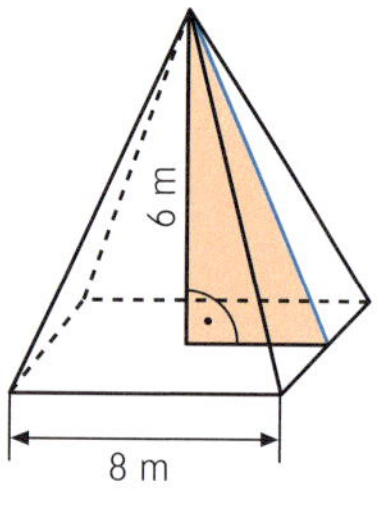

6 Schöner Ausblick

Im Urlaub erklimmt Patrick einen 35 m hohen Leuchtturm. Wie weit kann er von dort gucken?
(Der Radius der Erde beträgt etwa 6 370 km.)

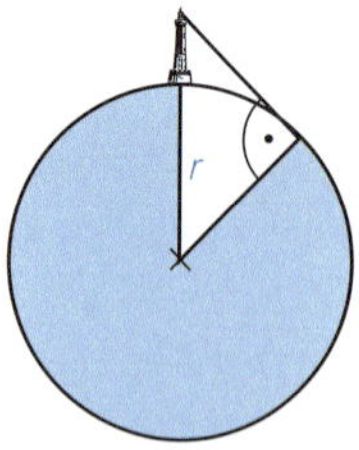

Test Kapitel 5

1 Schreibe den Satz des Pythagoras für alle eingezeichneten rechtwinkligen Dreiecke auf. |4|

a) 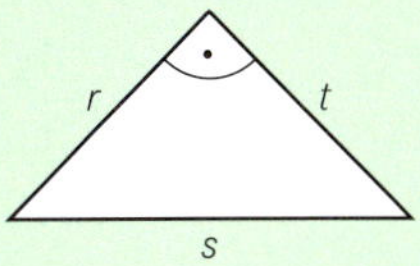

b) 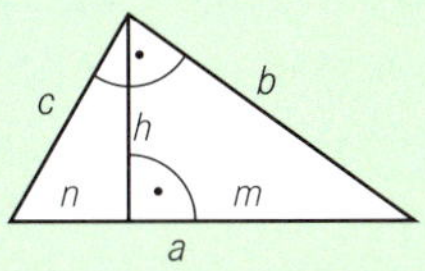

2 Berechne die fehlenden Größen des rechtwinkligen Dreiecks ABC ($\gamma = 90°$). |20|
Mache zunächst eine Skizze.

	a	b	c	h_c	p	q	A
a)	15 cm		35 cm				
b)				4,5 cm		2 cm	
c)		6 cm				3 cm	
d)		2,5 cm					9 cm²

3 Berechne die Raumdiagonale ... |8|

a) ... eines Würfels mit 9 cm Kantenlänge.
b) ... eines Quaders mit $a = 4$ m; $b = 8$ m; $c = 13$ m.

4 Konstruiere zu dem Rechteck mit den Seiten $a = 3$ cm und $b = 6$ cm ein flächengleiches Quadrat. |6|
Du kannst wählen, ob du die Methode nach dem Katheten- oder dem Höhensatz nutzt.

5 Sachaufgaben: Mache dir immer eine Skizze von der Situation. |12|

a) Der Mast eines Segelbootes ist zu beiden Seiten mit Stahlseilen auf dem Schiffsdeck befestigt. Die Seile sind an der Spitze des Mastes und auf dem Schiffsdeck in 350 cm Entfernung vom Mast befestigt. Sie sind straff gespannt und je 25 m lang. Wie weit ragt der Mast in die Höhe?
b) In einem Skaterpark soll eine Rampe gebaut werden. Auf dem Boden gemessen, ist sie 1,80 m lang, die befahrbare Fläche ist gerade und 2,10 m lang. Wie hoch ist die Rampe am Start, also an ihrer höchsten Stelle?

||50||

Wie viele Punkte hast du? Erreichst du mehr als 39 Punkte, beherrschst du den Inhalt des Kapitels wirklich gut. Erreichst du weniger als 20 Punkte, dann solltest du dieses Kapitel wiederholen.

6 PRISMA UND KREISZYLINDER

Was du schon können musst:

- ▷ erkennen, ob Ebenen parallel zueinander sind und ob eine Linie senkrecht auf einer Ebene steht.
- ▷ Eigenschaften von Würfel und Quader nennen.
- ▷ Netze von Würfel und Quader zeichnen und erkennen.

Zu diesen Punkten ↗ „Besser in Mathematik, Klasse 5“, S. 61 - 66.

- ▷ Eigenschaften wichtiger Drei- und Vierecksarten nennen und Berechnungen zu ihnen anstellen (↗ „Besser in Mathematik, Klasse 6“, Kapitel 6).

Darum geht es

- ▶ Netze und Abwicklungen von Prismen und Kreiszylindern zeichnen und erkennen.
- ▶ Schrägbilder von Prismen und Kreiszylindern zeichnen und erkennen.
- ▶ Oberflächeninhalt und Volumen von Prismen und Kreiszylindern berechnen.

6.1 Grundbegriffe

Darum geht es

Ein **(gerades) Prisma** hat zwei kongruente, parallel liegende Grundflächen und mehreren Seitenflächen. Seine **Grundflächen** sind Vielecke, die **Seitenflächen** sind Rechtecke. Man kann sich vorstellen, dass ein Prisma so aus seiner Grundfläche entsteht: Die beiden identischen Grundflächen liegen aufeinander, dann wird eine der Grundflächen senkrecht nach oben geschoben. Der Raum, über den die Fläche dabei geschoben wird, - das ist das Prisma.

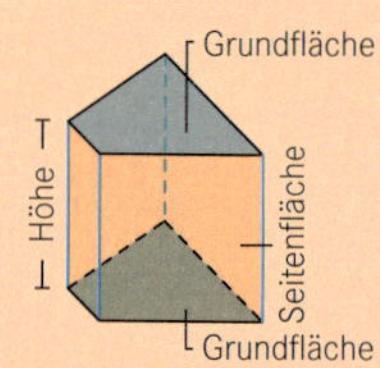

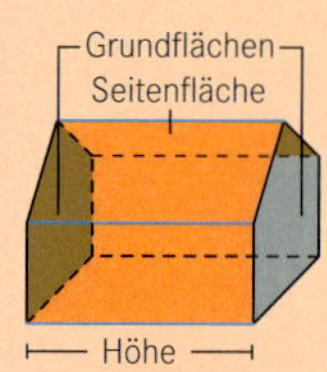

Ein (gerader) **Kreiszylinder** hat zwei kongruente, parallel liegende Grundflächen und eine gekrümmte Fläche (genannt **Mantelfläche**). Seine Grundflächen sind Kreise, die Mantelfläche ist, wenn sie abgerollt wird, ein Rechteck.

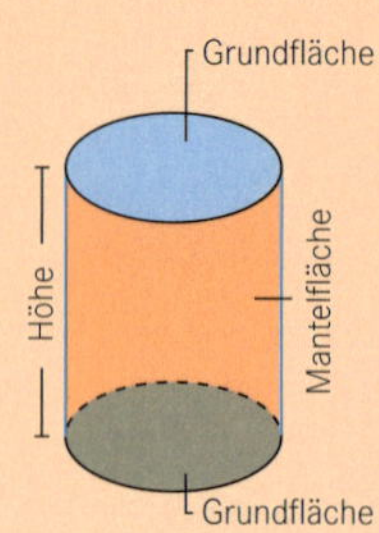

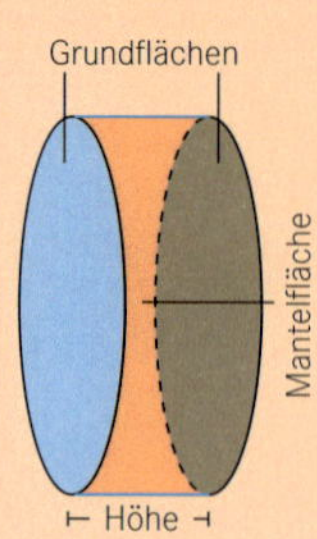

Die Grund-, Seiten- und Mantelflächen *begrenzen* den Körper, deswegen heißen sie auch **Begrenzungsflächen.**

Prisma und Kreiszylinder können mit ihrer *Grund*fläche auf dem *Grund* stehen, dann ragt auch ihre *Höhe* nach oben in die *Höhe.* Sie können aber auch auf einer Seiten- bzw. ihrer Mantelfläche liegen. Dann zeigt ihre Höhe *nicht* nach oben und die Grundfläche steht *nicht* auf dem Grund. Vergleiche die obigen Bilder.

Info

Wieso heißt es oft „*gerades* Prisma" und „*gerader* Kreiszylinder"?
Es gibt auch schiefe Prismen und Kreiszylinder, siehe Grafik.

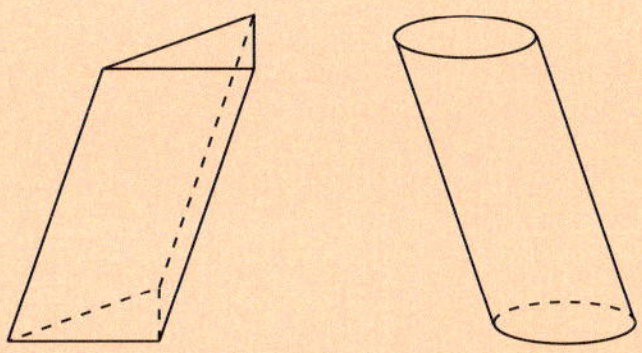

Wieso heißt es „Kreiszylinder" und nicht einfach „Zylinder"?
Bei einem *Zylinder* hat die Grundfläche eine beliebige Form: kreisförmig, oval, sowohl mit Ecken als auch mit runden Bögen, ganz unregelmäßig oder auch ein Vieleck. Ist die Grundfläche ein Vieleck, dann ist der Zylinder ein *Prisma;* ist sie ein Kreis, ist er ein *Kreiszylinder.*

1 Wie heißen die Körper?

(1)

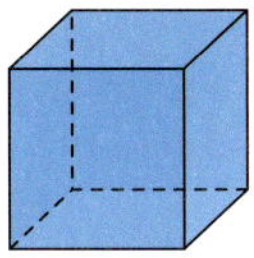

(2)

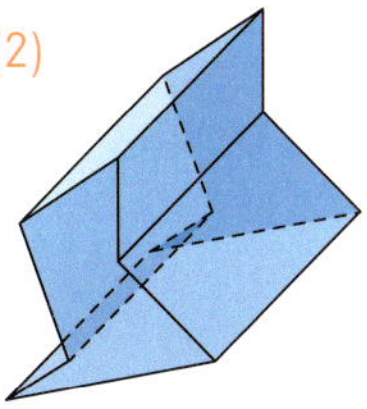

(3)

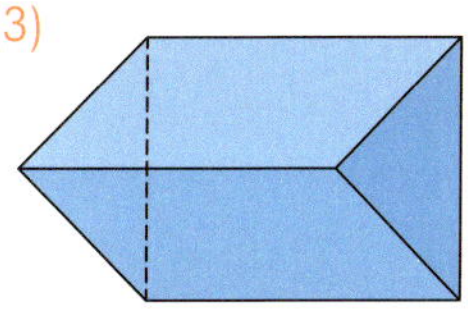

(4)

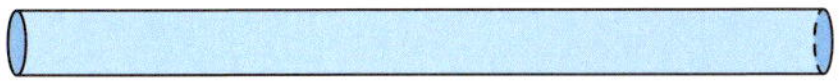

(5)

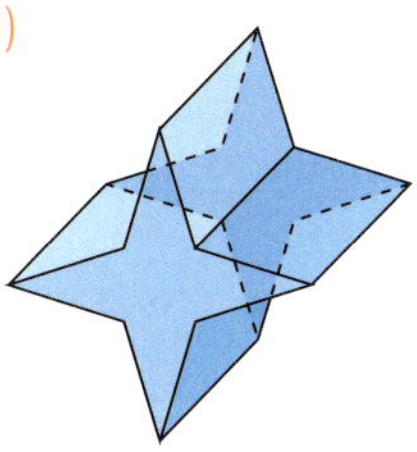

(6)

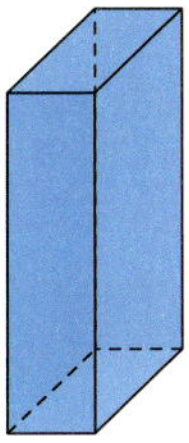

(7)

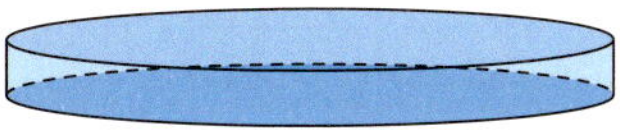

2 Untersuche Prismen und Kreiszylinder.

a) Gib zu allen Prismen aus Aufgabe 1 an, wie viele Ecken, Kanten und Begrenzungsflächen sie haben und welche Form die Grund- und die Seitenflächen haben. Erstelle dazu eine Tabelle.
b) Untersuche nun die Kreiszylinder aus Aufgabe 1 auf gleiche Weise.
c) Katharina sagt: „Wenn ich wissen will, wie viele Ecken, Kanten und Begrenzungsflächen ein Prisma hat, brauche ich mir nur die Grundfläche anzuschauen. Beim Kreiszylinder ist es sogar noch einfacher." Erkläre Katharinas Überlegungen.

Tipp zu Übung 3

Wenn du nachweisen willst, dass eine Aussage der Art
- „Alle ..." oder „Jede ..." *falsch* ist, dann reicht ein *Gegenbeispiel.*
- „Es gibt ..." oder „Manche ..." *stimmt,* reicht ein *Beispiel.*

Um andere Aussagen zu begründen, musst du mit den Eigenschaften der Körper argumentieren.

3 Was ist richtig, was nicht? Begründe.

a) Jeder Würfel ist ein Prisma.
b) Jedes Prisma ist ein Würfel.
c) Manche Prismen sind Würfel.
d) Jeder Quader ist ein Prisma.
e) Jedes Prisma ist ein Quader.
f) Manche Kreiszylinder sind auch Prismen.
g) Verschiedene Prismen können verschieden viele Begrenzungsflächen haben.
h) Verschiedene Kreiszylinder können verschieden viele Begrenzungsflächen haben.
i) Quader haben immer genau 6 Begrenzungsflächen.
j) Es gibt Prismen mit 4 Begrenzungsflächen.
k) Prismen haben mindestens 3 verschiedenartige Begrenzungsflächen.
l) Prismen können beliebig viele Begrenzungsflächen haben.

6.2 Netze und Abwicklungen

Darum geht es

Das **Netz** eines Körpers ist wie eine Bastelvorlage für den Körper: Man knickt es an den Linien so, dass die Kanten zusammenstoßen, und der Körper entsteht.
(Das Netz eines Körpers unterscheidet sich von einer Bastelvorlage darin, dass eine Bastelvorlage zusätzliche Klebeflächen hat.)

Von einem Körper gelangt man so zu seinem Netz: Man schneidet die Oberfläche des Körpers entlang geeigneter Kanten auf und breitet das Gebilde eben aus: Das ist das Netz des Körpers.

Netze und Abwicklungen

Von einem Netz spricht man nur, wenn alle Kanten des Körpers *gerade* sind.
Bei einem Körper mit *gekrümmten* Kanten wie dem Kreiszylinder spricht man von einer **Abwicklung.**

Beispiele:

1 **Körpernetze und -abwicklungen erkennen.**

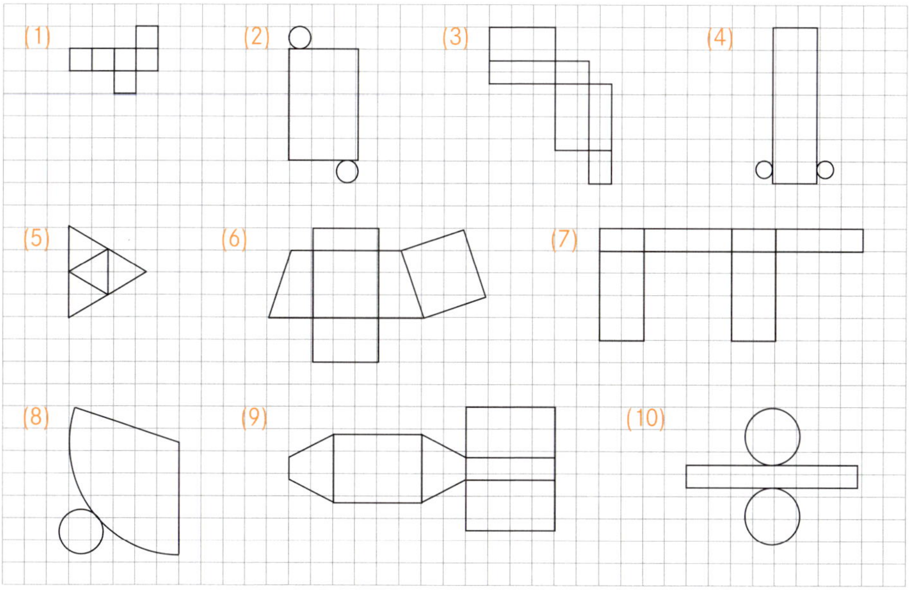

a) Gib bei jeder Figur an, ob sie ein Körpernetz bzw. eine Abwicklung ist. Färbe die Kanten, die beim Zusammenfalten zusammenstoßen, mit derselben Farbe.
Tipp Versuche zunächst, dir das Zusammenklappen der Figuren im Kopf vorzustellen. Zur Probe kannst du sie auf Karopapier abzeichnen, ausschneiden und zusammenfalten.

b) Von welchen Körpern kennst du den Namen? Benenne sie. Gibt es Körper, zu denen mehrere Bezeichnungen passen?

2 Körpernetze und -abwicklungen ergänzen.
Zeichne die Figuren zunächst auf Karopapier ab.

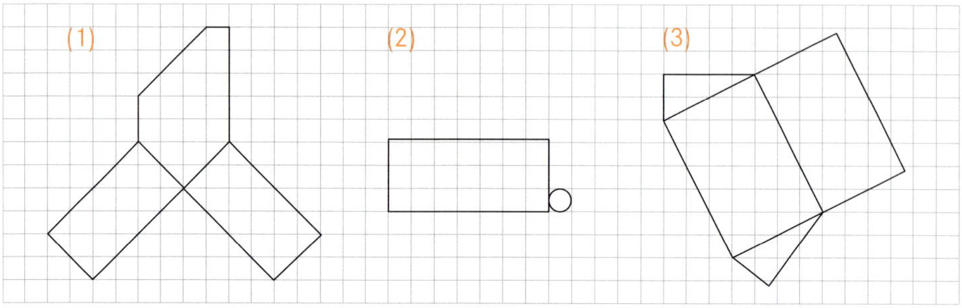

a) Ergänze jede Figur zum Netz eines Prismas bzw. zur Abwicklung eines Kreiszylinders.
b) Markiere die Grundflächen (z. B. mit einer Farbe oder mit einem Kreuz).
c) Gab es auch andere Möglichkeiten, zu ergänzen? Zeichne zu jeder abgebildeten Figur bis zu drei andere mögliche Ergänzungen ein, jeweils in einer anderen Farbe.

6.3 Schrägbilder verstehen und zeichnen

Schrägbild eines Prismas lesen

An einer 2-dimensionalen Zeichnung eines Prismas kannst du alle Informationen über seine Form und seine Kantenlängen ablesen, wenn du den Verzerrungswinkel und den Verkürzungsfaktor kennst.
Verzerrungswinkel $\omega = 45°$
Verkürzungsfaktor $k = \frac{1}{2}$

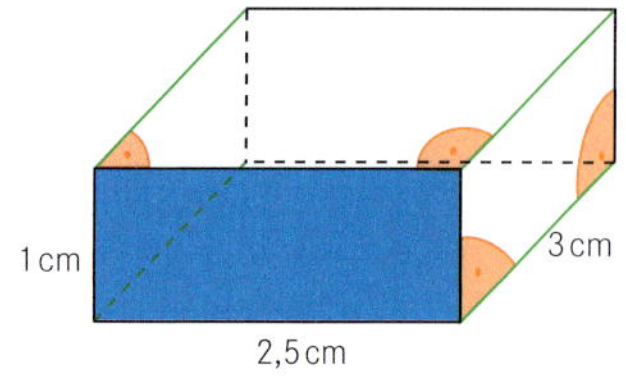

Im Vordergrund ist die blaue Fläche zu sehen. Der Vordergrund wird auch **Bildebene** genannt. Die orange gekennzeichneten Winkel sind – beim 3-dimensionalen Prisma – rechte Winkel (90°). In der ebenen Zeichnung werden sie aber mit 45° gezeichnet, um einen perspektivischen Effekt zu erzielen. Diesen Winkel nennt man **Verzerrungswinkel** ω (sprich: „omega“). Die grünen Kanten führen senkrecht in den Raum hinein. Sie sind in der Zeichnung $\frac{1}{2}$-mal so lang wie in Wirklichkeit dargestellt. Diesen Faktor nennt man **Verkürzungsfaktor** k.
Häufig wählt man wie hier $\omega = 45°$ und $k = \frac{1}{2}$, dies wird auch Kavaliersperspektive genannt. Aber auch andere Werte sind möglich.

Schrägbild eines Prismas zeichnen

Wenn du ein 3-dimensionales Prisma auf ein 2-dimensionales Papier zeichnen möchtest, kannst du eine der beiden folgenden Methoden wählen. In den Beispielen ist der Verzerrungswinkel $\omega = 45°$ und der Verkürzungsfaktor $k = 0{,}5$.

Das Prisma steht auf einer Seitenfläche:

1. Zeichne eine Grundfläche in Originalgröße (oder maßstabsgetreu verkleinert): Diese Fläche ist bei deiner Zeichnung im Vordergrund.
2. Zeichne von jeder Ecke ausgehend eine dünne Linie im Winkel 45°, halb so lang wie die Höhe des Prismas.
3. Verbinde die Enden der Kanten mit dünnen Linien.
4. Zeichne die Kanten des Prismas, die vom Körper verdeckt sind, gestrichelt nach; die sichtbaren Kanten zeichne kräftig nach.

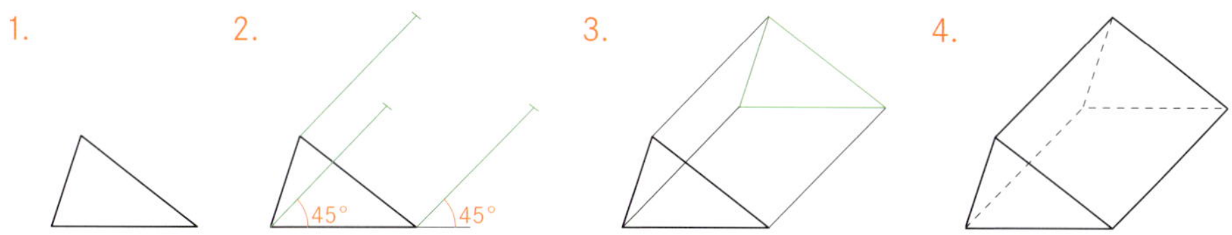

Das Prisma steht auf einer Grundfläche:

Wenn das Prisma in der Zeichnung auf einer Grundfläche stehen soll, brauchst du zum Zeichnen der Grundfläche einige vorbereitende Schritte mehr:

1. Zeichne zunächst die Grundfläche sehr dünn in Originalgröße.
2. Zeichne eine waagerechte Linie L durch eine der Seiten (im Beispiel unten grün).
3. Fälle von jeder Ecke das Lot auf die Linie L und zeichne diese Lotlinie sehr dünn ein.
4. Zeichne vom Fußpunkt des Lotes eine Hilfslinie im Winkel von 45°, halb so lang wie die Lotlinie. Das Ende dieser Hilfslinie markiert einen Eckpunkt des Prismas.
5. Verbinde die gewonnenen Eckpunkte entsprechend der Form der Grundfläche. Du hast jetzt die Grundfläche fertiggezeichnet. (Alle Hilfslinien kannst du jetzt so weit wie möglich wegradieren.)
6. Zeichne jetzt die Kanten der Seitenflächen ein: Von jeder Ecke der Grundfläche zeichne senkrecht nach oben eine Linie so lang wie die Höhe des Prismas. Verbinde auch diese Endpunkte.
7. Zeichne die Kanten des Prismas, die vom Körper verdeckt sind, gestrichelt nach; die sichtbaren Kanten zeichne kräftig nach.

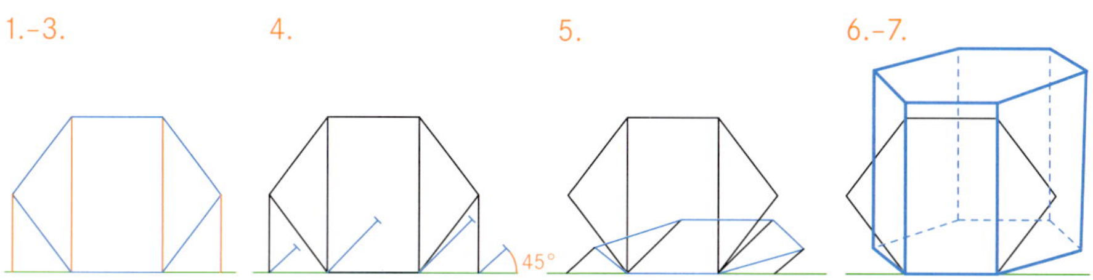

Schrägbild eines Kreiszylinders lesen und zeichnen

Die Maße eines Kreiszylinders kannst du an einem Schrägbild ablesen, und zwar auf die gleiche Weise wie die eines Prismas. Auch das Zeichnen eines Prismas, das auf seinem Mantel liegt, ähnelt dem Zeichnen eines Prismas, das auf seiner Seitenfläche liegt. (Vgl. Aufgaben 5 und 6, ↗ S. 86).

1 Schrägbilder von Prismen lesen.

$\omega = 45°$; $k = \frac{1}{2}$. 1 Kästchen soll 0,5 cm × 0,5 cm groß sein (hier verkleinert dargestellt).

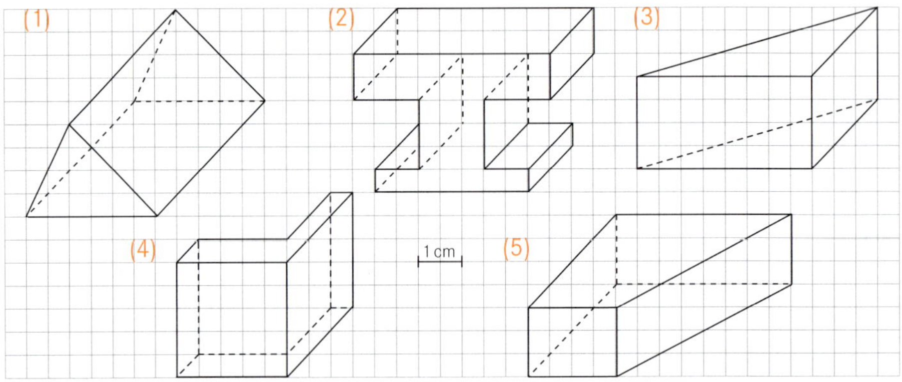

a) Zeichne die Prismen auf Kästchenpapier ab.
Färbe alle Kanten blau, die parallel zum Vordergrund (zur Bildebene) verlaufen, und alle Kanten grün, die senkrecht zum Vordergrund (zur Bildebene) verlaufen. Weitere Kanten färbe rot.

b) Schreibe zu allen Kanten ihre Originallänge. Kannst du die Länge der roten Kanten berechnen?
Tipp Zeichne bei den Prismen (3), (4) und (5) die Grundflächen zuerst in Draufsicht (Draufsicht bedeutet: von oben, ohne perspektivische Verzerrung). Nutze auch den Satz des Pythagoras zum Berechnen der Kantenlängen.

c) Gib zu jedem Prisma an: Name, Umfang und Flächeninhalt seiner Grundfläche und die Höhe des Prismas. Runde sinnvoll.
Wenn du die entsprechenden Formeln schon kennst (↗ S. 87 f.), berechne auch Oberflächeninhalt und Volumen des Prismas.

2 Schrägbilder und Netze von Prismen.

Tipp Nutze auch den Satz des Pythagoras zum Berechnen der Kantenlängen.

a) Wähle eines der Prismen aus Aufgabe 1 und zeichne seine Grund- und Seitenflächen in Originalgröße.
Tipp Kongruente Flächen brauchst du nur einmal zu zeichnen, notiere dann in der Fläche, wie oft sie bei dem Prisma vorkommt.

b) Zeichne ein Netz des in Aufgabe a gewählten Prismas.

c) Zeichne zu jedem Prisma aus Aufgabe 1 ein Netz.
Tipp Es kann dir eine Hilfe sein, bei jedem Prisma zunächst so vorzugehen, wie es in Aufgabe a beschrieben wird.

3 Schrägbilder von Prismen zeichnen, die auf einer Seitenfläche liegen.

a) Zeichne ein Schrägbild eines Quaders. Der Quader hat die Grundfläche 4 cm · 8 cm und die Höhe 6 cm. Der Quader soll im Schrägbild auf einer Grundfläche liegen.
b) Zeichne ein Schrägbild eines Prismas, dessen Grundfläche ein rechtwinkliges, gleichschenkliges Dreieck ist, seine Schenkel sind 3 cm lang. Das Prisma ist 10 cm hoch. Zeichne das Prisma auf einer der kleineren Seitenflächen liegend.
c) Zeichne Schrägbilder der Prismen, die zu folgenden Netzen gehören. Zeichne sie so, dass eine Grundfläche im Vordergrund zu sehen ist.

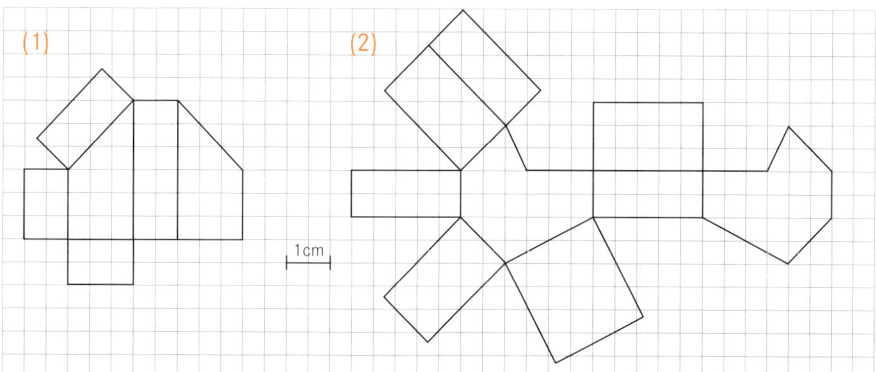

4 Die zwei Methoden zum Zeichnen von Schrägbildern.

a) Wieso ist es aufwändiger, von den Prismen aus Aufgabe 3 c Schrägbilder zu zeichnen, bei denen sie auf einer Grundfläche stehen? Vergleiche die beiden auf S. 83 genannten Verfahren.
Wieso benötigt man mehr Schritte, wenn man die Grundfläche als Standfläche zeichnet?
Tipp Überlege, welche Kanten dann weder senkrecht noch parallel zur Bildebene stehen.
b) Igor will den Quader aus Aufgabe 3 a so zeichnen, dass er auf einer Grundfläche steht. Er meint, dass er das längere Verfahren, das auf S. 83 unten beschrieben wird, dazu nicht braucht. „Ich weiß einen Trick, ich zeichne es genauso schnell auf einer Grundfläche."
c) Funktioniert Igors Trick bei allen Quadern? Begründe.
d) Igor behauptet, er könne seinen Trick sogar beim Prisma aus Aufgabe 3 b anwenden.

5 Schrägbilder von Kreiszylindern lesen.

$\omega = 45°;\ k = \frac{1}{2}$

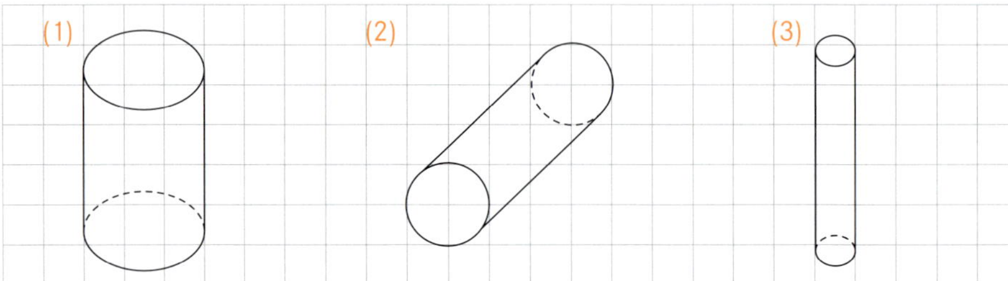

a) Bei welchen Zylindern ist die Höhe, bei welchen die Grundfläche parallel zum Vordergrund (zur Bildebene)?

b) Gib zu jedem Zylinder an: Radius, Umfang und Flächeninhalt seiner Grundfläche, Höhe des Zylinders. Runde sinnvoll.
Wenn du die entsprechenden Formeln schon kennst (↗ S. 87 f.), berechne auch Oberflächeninhalt und Volumen des Kreiszylinders.

c) Zeichne zu jedem Kreiszylinder eine Abwicklung.

6 Lara zeichnet einen liegenden Kreiszylinder. Beschreibe ihr Vorgehen.

Tipp Vergleiche mit dem Vorgehen bei Prismen.

$\omega = 45°;\ k = \frac{1}{2}$

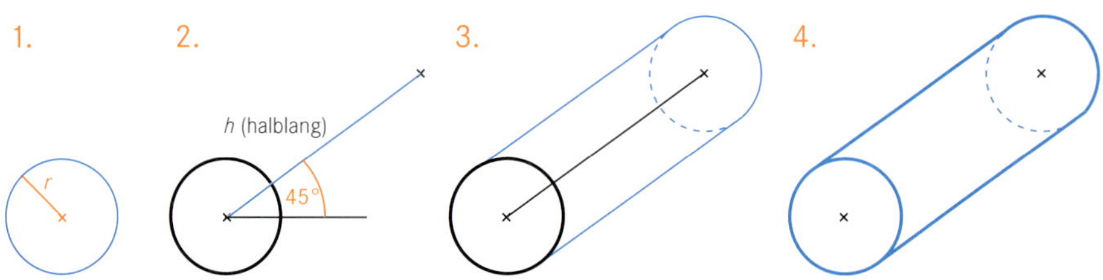

7 Zeichne Schrägbilder von liegenden Kreiszylindern.

a) Radius 32 mm, Höhe 78 mm

b) Durchmesser 5 cm, Höhe 5 cm

c) Zeichne ein Schrägbild des Kreiszylinders, der zur rechts gezeigten Abwicklung gehört.

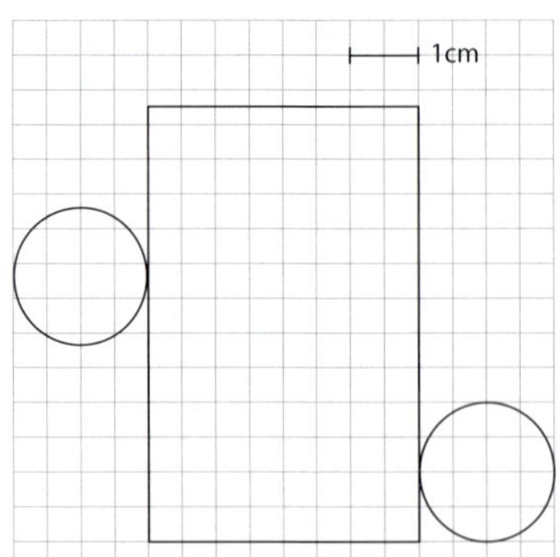

6.4 Oberflächeninhalt und Volumen

Gerade Prismen

Oberflächeninhalt und Volumen

Die Seitenflächen eines Prismas zusammengenommen bilden den *Mantel* des Prismas. Die Fläche eines abgewickelten Mantels ist bei einem geraden Prisma rechteckig, mit den Seitenlängen U und h. Dabei ist U der Umfang der Grundfläche und h die Höhe des Prismas.

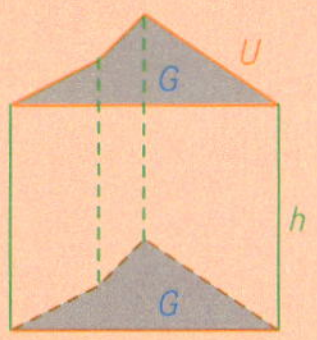

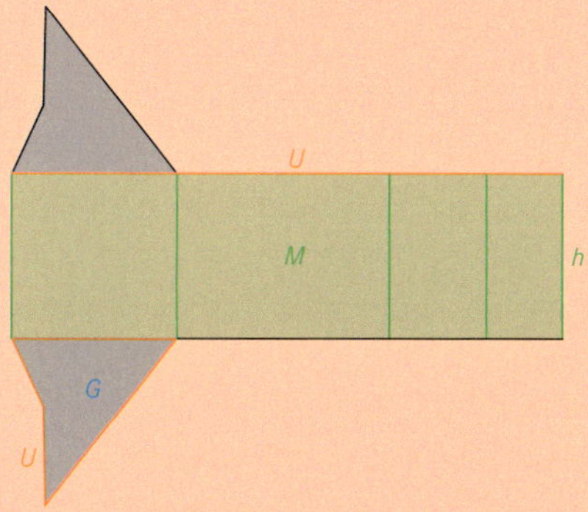

Ein gerades Prisma mit der Grundfläche G und der Höhe h hat:

- die Mantelfläche $M = U \cdot h$
- das Volumen $V = G \cdot h$
- den Oberflächeninhalt $O = 2 \cdot G + M = 2 \cdot G + U \cdot h$

Kreiszylinder

Oberflächeninhalt und Volumen

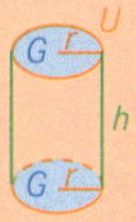

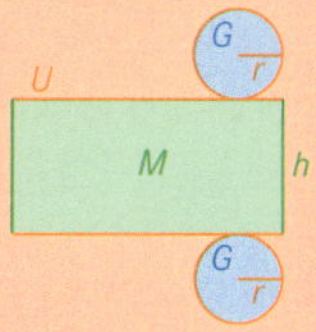

Die Fläche des abgewickelten Mantels eines geraden Kreiszylinders ist ein Rechteck mit den Seitenlängen U und h. Dabei ist U der Umfang der Grundfläche und h die Höhe des Kreiszylinders:

- die Mantelfläche $M = U \cdot h$

6 PRISMA UND KREISZYLINDER

Ein gerader Kreiszylinder mit der Grundfläche G und der Höhe h hat

- ▶ das Volumen $V = G \cdot h$
- ▶ den Oberflächeninhalt $O = 2 \cdot G + M = 2 \cdot G + U \cdot h$

Die Grundfläche eines Kreiszylinders ist ein Kreis. Der Flächeninhalt und der Umfang eines Kreises sind durch seinen Radius r bestimmt:

- ▶ Kreisgrundfläche $G = \pi r^2$
- ▶ Kreisumfang $U = 2\pi r$

Deswegen kann man die oben genannten Formeln auch so schreiben:

- ▶ Mantelfläche $M = 2\pi r \cdot h$
- ▶ Volumen $V = \pi r^2 \cdot h$
- ▶ Oberflächeninhalt $O = 2 \cdot \pi r^2 + 2\pi r \cdot h = 2\pi r \cdot (r + h)$

Info Für Oberflächeninhalt und Volumen werden in diesem Buch die Buchstaben O und V als Variablen gebraucht. Vielleicht werden in deinem Unterricht andere Buchstaben verwendet.

1 Berechne Oberflächeninhalt und Volumen der Körper.

Miss zunächst die zur Berechnung erforderlichen Längen. Die Schrägbilder sind mit $\omega = 45°$ und $k = \frac{1}{2}$ gezeichnet.

(1)

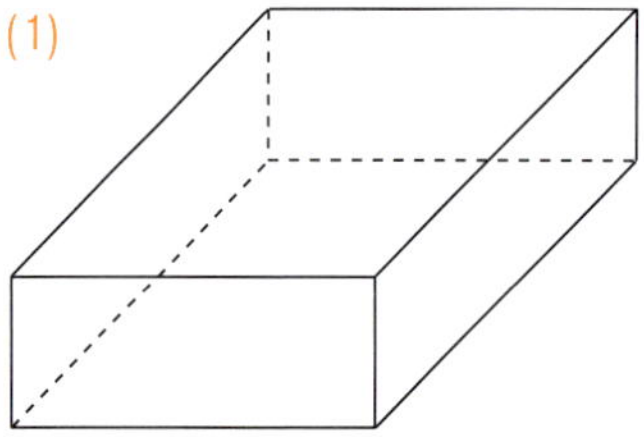

(2)

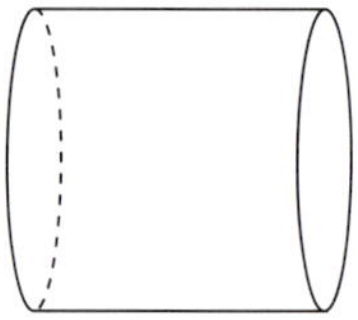

(3)

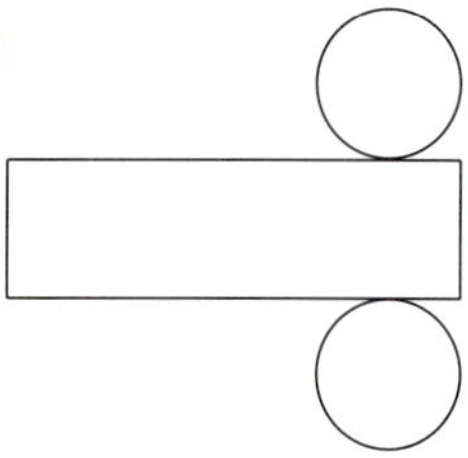

2 Prismen berechnen.

Ein Prisma mit Oberflächeninhalt O, Volumen V und Höhe h hat als Grundfläche ein rechtwinkliges Dreieck mit den Seitenlängen a, b, c ($\gamma = 90°$) und dem Flächeninhalt G. Berechne die fehlenden Größen und runde sinnvoll.

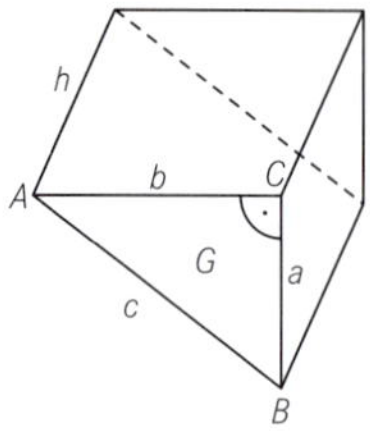

Tipp Mehr zu Berechnungen an rechtwinkligen Dreiecken („Satz des PYTHAGORAS“, ↗ S. 65).

a)	a = ?;	b = 4 cm;	c = 5 cm;	G = ?;	h = 40 cm;	O = ?;	V = ?
b)	a = 1 dm;	b = 3 dm;	c = ?;	G = ?;	h = 8 dm;	O = ?;	V = ?
c)	a = 5 cm;	b = ?;	c = 13 cm;	G = ?;	h = ?;	O = ?;	$V = 1{,}2\,m^3$
d)	a = 6 mm;	b = 4 cm;	c = ?;	G = ?;	h = ?;	O = ?;	$V = 4\,800\,mm^3$
e)	a = 3 m;	b = ?;	c = ?;	G = ?;	h = 4 m;	O = ?;	$V = 24\,m^3$

3 Prismen nach Vorgaben ergänzen.

a) $a = 5\,cm$; $b = 8\,cm$; $c = 5\,cm$
Das Netz eines Prismas soll nur aus diesen beiden Figuren erstellt werden. (Beide Figuren sollen dabei verwendet werden, sie können beliebig oft eingesetzt werden.)
Wie viele verschiedenartige Prismen kannst du mit diesen Vorgaben basteln? Begründe.
Zeichne je ein Netz und berechne Oberflächeninhalt und Volumen.

(1)
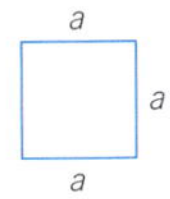

(2)
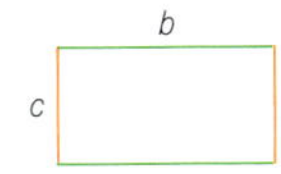

b) Welche Fläche kann beim Quader aus Aufgabe a eine Grundfläche sein? Anton meint: „Als Grundfläche kommt nur das Quadrat infrage." Hat er recht? Begründe.

c) $a = 4\,cm$; $b = 5\,cm$; $c = 3\,cm$. Verfahre mit wie bei Aufgabe a.

4 Berechne das Volumen der Körper. Wenn nötig, runde sinnvoll.

a) Berechne zunächst geschickt die Grundfläche, dann das Volumen. Bei Körpern, die zusammengesetzt sind aus Prisma und Zylinder, berechne zuerst das Volumen jedes Teils und addiere dann.

(1)
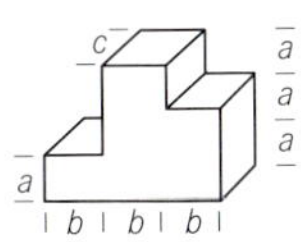

$a = 35\,cm$
$b = 80\,cm$
$c = 1{,}20\,m$

(2)
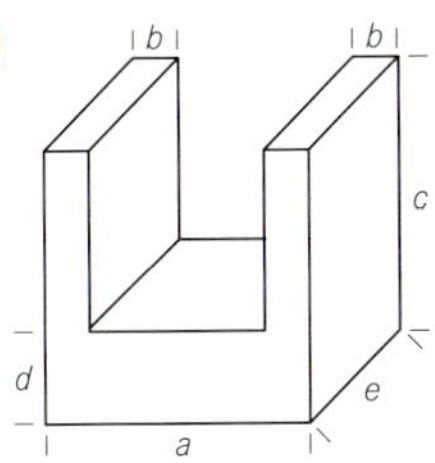

$a = 7\,cm$
$b = 1\,cm$
$c = 6\,cm$
$d = 2\,cm$
$e = 4{,}50\,m$

(3)
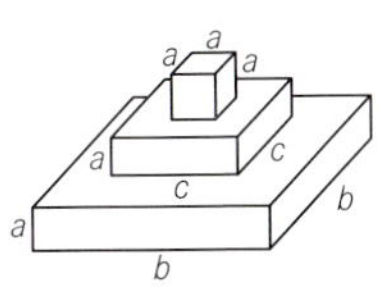

$a = 20\,m$
$b = 60\,m$
$c = 40\,m$
$d = 20\,m$

(4)
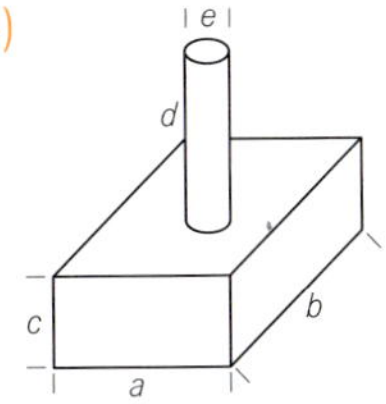

$a = 10\,m$
$b = 35\,m$
$c = 7{,}50\,m$
$d = 88\,m$
$e = 3\,m$

b) Die nächsten Körper sind Zylinder mit Hohlräumen in Form von Prismen oder Zylindern. Berechne zunächst das Volumen, das der Körper ohne Hohlräume hätte, und dann das Volumen des Hohlraums. Subtrahiere schließlich.

(1)
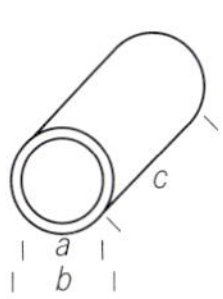

$a = 2{,}7\,cm$
$b = 3{,}0\,cm$
$c = 1{,}40\,m$

(2)
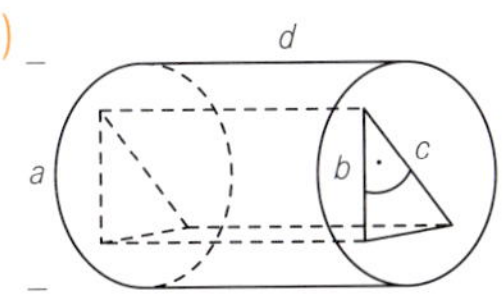

$a = 8\,dm$
$b = 2\,dm$
$c = 3\,dm$
$d = 1\,dm$

Test Kapitel 6

1 Welche Aussagen sind richtig? Begründe. | 16 |

a) Jeder Körper, der zwei parallele Begrenzungsflächen hat, ist ein Prisma oder ein Kreiszylinder.
b) Prismen haben immer eine gerade Anzahl von Begrenzungsflächen.
c) Kreiszylinder haben Kanten, aber keine Ecken.
d) Jeder Kreiszylinder hat weniger Begrenzungsflächen als alle möglichen Prismen.
e) Der Oberflächeninhalt ist bei Kreiszylindern kleiner als bei Prismen.
f) Jeder Würfel ist ein Prisma.
g) Ein Prisma hat mehrere unterschiedliche Netze.
h) Bei jeder Abwicklung eines Kreiszylinders liegen die Kreisflächen einander gegenüber.

2 Körper erkennen und berechnen.
$\omega = 45°$; $k = \frac{1}{2}$. Die Darstellungen sind jeweils maßstäblich verkleinert.

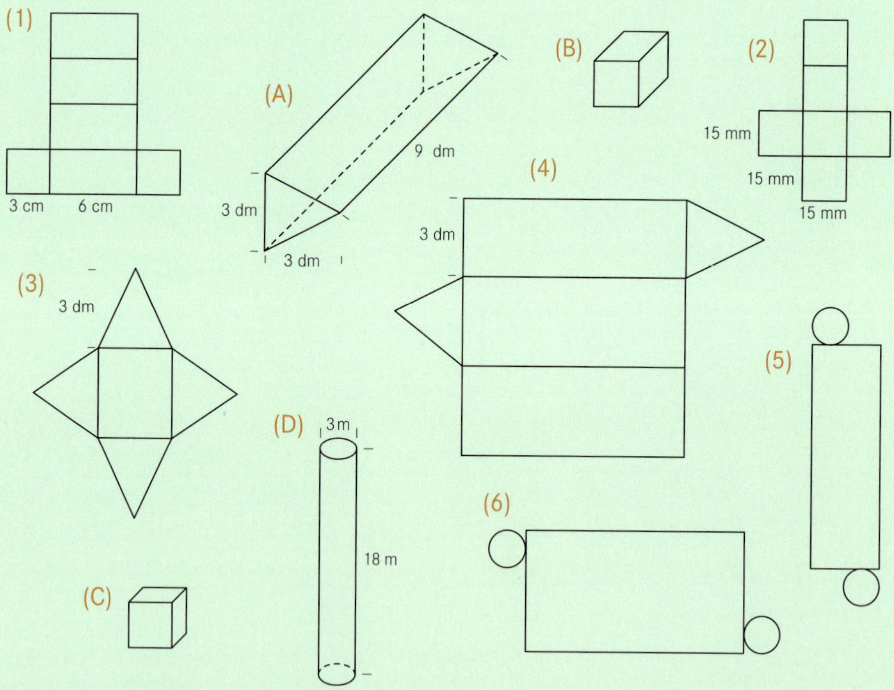

a) Ordne Netz bzw. Abwicklung und Schrägbilder einander zu und benenne die Körper. Ein Netz und eine Abwicklung bleiben übrig. | 4 |
b) Berechne bei den Körpern, bei denen Längen angegeben sind, Oberflächeninhalt und Volumen. | 16 |

3 Netze und Abwicklungen erkennen und Schrägbilder zeichnen.

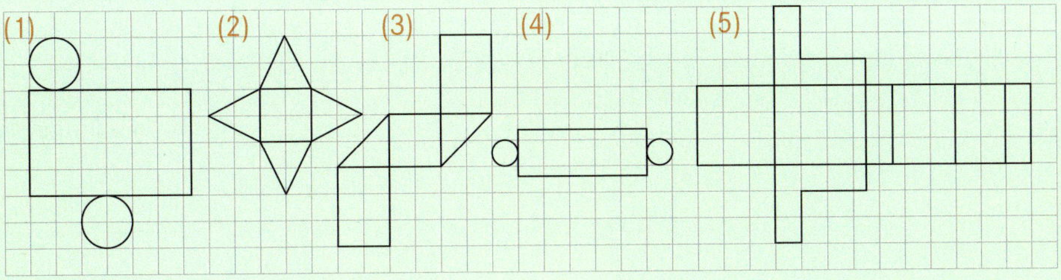

a) Welche Figuren sind Netze von Prismen oder Abwicklungen von Kreiszylindern? |5|

b) Zeichne zu Netzen und Abwicklungen von Prismen und Zylindern je ein Schrägbild des Körpers. |8|

4 Zeichne Netze bzw. Abwicklungen der Körper. |8|

$\omega = 45°$; $k = \frac{1}{2}$

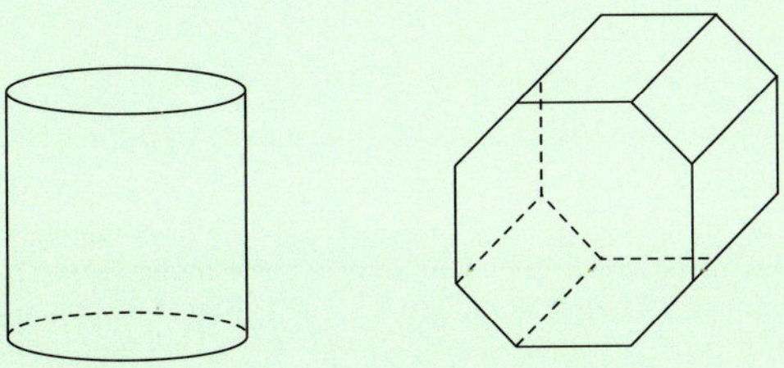

5 Bestimme Oberflächeninhalt und Volumen …

a) … eines Prismas mit der Höhe 10 cm; die Grundfläche ist ein Rechteck mit den Kantenlängen 1 m und 15 cm. |4|

b) … eines Prismas; bekannt sind nur die Längen all seiner Kanten: 7,50 m; 7,50 m; 9 m; 9 m; 9 m; 10 m; 10 m; 12,50 m; 12,50 m. |6|

Hinweis In der Grundfläche kommt ein rechter Winkel vor.

c) … eines Kreiszylinders mit dem Kreisdurchmesser 8,5 cm und dem Mantelflächeninhalt $70\,cm^2$. |4|

||71||

Wie viele Punkte hast du? Erreichst du mehr als 56 Punkte, beherrschst du den Inhalt des Kapitels wirklich gut. Erreichst du weniger als 28 Punkte, dann solltest du dieses Kapitel wiederholen.

7 STRECKUNG, STRAHLENSÄTZE, ÄHNLICHKEIT

Was du schon können musst:

- ▷ parallele Geraden zeichnen und prüfen, ob Geraden parallel sind.
- ▷ erklären, was eine geometrische Abbildung ist.
- ▷ mehrere Abbildungen verknüpfen (hintereinander ausführen).
- ▷ erklären, was eine Kongruenzabbildung ist (das benötigst du für Kapitel 7.4).

Darum geht es

- ▶ maßstabsgetreue Verkleinerung oder Vergrößerung von Figuren mithilfe der zentrischen Streckung.
- ▶ Streckenlängen anhand von Strahlensätzen berechnen.
- ▶ ähnliche und kongruente Figuren erkennen.

Wiederholung wichtiger Begriffe

- ▷ Mit einer **geometrischen Abbildung** werden geometrische Figuren oder Körper in veränderter Weise kopiert.
  Beispiele: Achsenspiegelungen, Verschiebungen, Drehungen, Punktspiegelungen.
- ▷ Die Abbildung einer Figur (eines Punktes, eines Körpers) nennt man **Bildfigur (Bildpunkt, Bildkörper).**
- ▷ Vielecke (z. B. Dreiecke, Vierecke ...) kann man besonders leicht abbilden: Man bildet die Eckpunkte entsprechend der Abbildungsvorschrift ab und verbindet die Bildpunkte – fertig ist die Bildfigur.

7.1 Zentrische Streckung

Eine zentrische Streckung ist, wie der Name schon sagt, eine Streckung um ein Zentrum. Dabei werden alle Strecken der ebenen Figur in einem bestimmten Verhältnis vergrößert oder verkleinert. Die Bildstrecken sind zu den ursprünglichen Strecken parallel. Die Längenverhältnisse und Winkel bleiben erhalten.

Beispiel a:

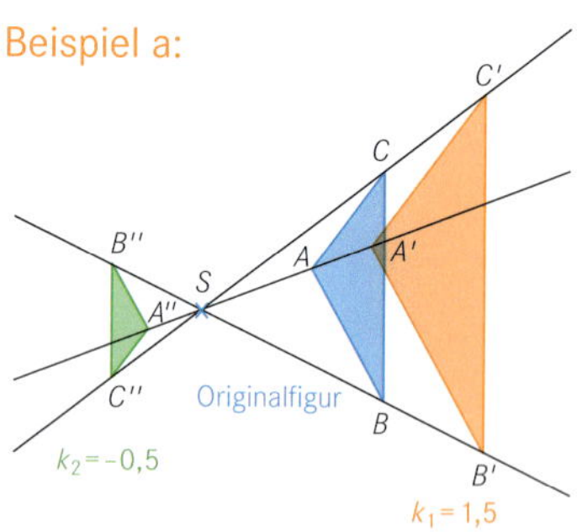

Das Original-Dreieck wird in der Grafik auf zwei verschiedene Weisen zentrisch gestreckt.

Beschrieben wird hier die zentrische Streckung aus Beispiel a mit $k_1 = 1{,}5$:

1. Zeichne vom Original-Dreieck Hilfslinien von allen Eckpunkten zum Streckzentrum *S*.
2. Miss den Abstand eines Eckpunkts zu *S* und multipliziere diesen Abstand mit dem Streckfaktor *k*. Zeichne in dieser Entfernung vom Streckzentrum den entsprechenden Bildpunkt auf derselben Hilfslinie ein.
   (Im Beispiel: $\overline{AS} = 10\,\text{mm}$; $k_1 = 1{,}5$; $\overline{A'S} = 10\,\text{mm} \cdot 1{,}5 = 15\,\text{mm}$)
3. Bilde alle Eckpunkte auf die gleiche Weise ab. Verbinde zum Schluss die Bildpunkte – die Bildfigur ist fertig.

Beispiel b:

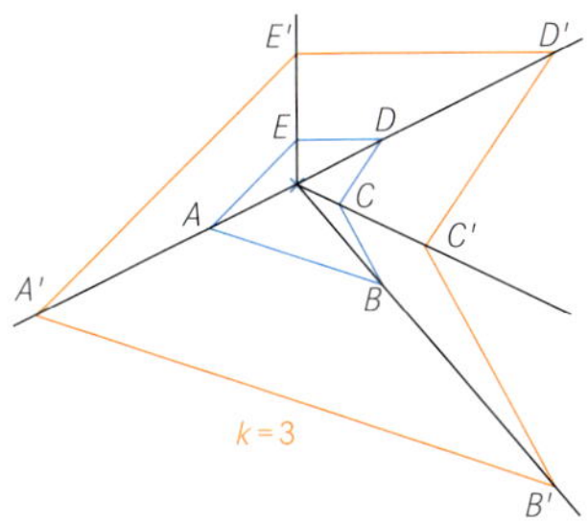

Das Original-Fünfeck wird auf die 3-fache Größe gestreckt, hier liegt das Streckzentrum innerhalb der Figur.

Der Streckfaktor

- Ist der Streckfaktor $k > 0$, so bleiben die Punkte der Figur bei der Abbildung auf derselben Seite des Streckzentrums.
- Ist $k < 0$, werden die Punkte der Figur auf die andere Seite des Streckzentrums abgebildet.
- Bei $|k| > 1$ wird die Figur vergrößert, bei $|k| < 1$ wird sie verkleinert.

Info Für das Streckzentrum und den Streckfaktor werden in diesem Buch die Buchstaben *S* und *k* als Variablen gebraucht. Vielleicht werden in deinem Unterricht andere Buchstaben benutzt.

1 **Übertrage die Figur ins Heft und strecke sie zentrisch mit dem angegebenen Streckfaktor *k*.**

a)
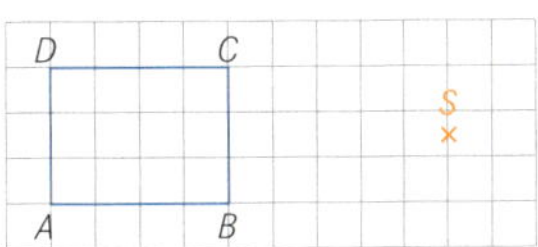

$k = 2$

b)
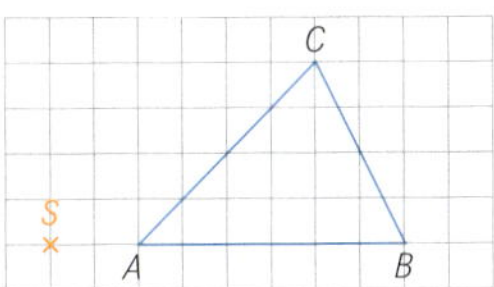

$k = 0{,}5$

c)
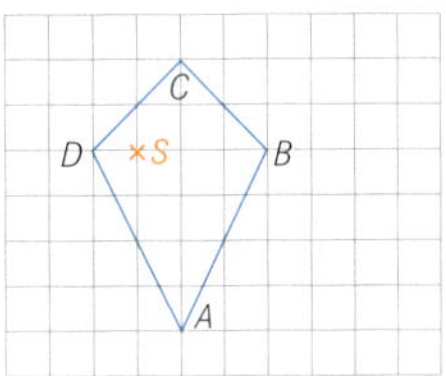

$k = 3$

Tipp zu allen folgenden Aufgaben

Bei einem negativen Streckfaktor werden die Originalpunkte auf die andere Seite des Streckzentrums abgebildet. Schaue dir Bild und Erläuterung auf S. 92 unten an.

2 **Zeichne in ein Koordinatensystem das Viereck mit den Ecken $A(1|1)$, $B(3|1)$, $C(3|4)$ und $D(1|3)$. Bilde es durch folgende zentrische Streckungen ab.**

a) $S(0|0)$; $k = -2$
b) $S(0|0)$; $k = 2$
c) $S(3|3)$; $k = -1$

3 **Verschiedene zentrische Streckungen haben zum Bild-Dreieck $A'(-1|2)$, $B'(-3|0)$, $C'(1|-2)$ geführt. Ermittle die Original-Dreiecke und gib die Koordinaten der Ecken an.**

Tipp Zeichne im Koordinatensystem.

a) $S(1|-2)$; $k = 0{,}5$
b) $S(1|-2)$; $k = -0{,}5$
c) $S(-3|-4)$; $k = \frac{1}{4}$

d) In Aufgabe 2 war die Originalfigur gegeben und du hast die Bildfigur konstruiert. Bei den Aufgaben 3 a bis c war es umgekehrt: Du hast auf der Grundlage der Bildfigur die Originalfigur konstruiert. Was war gleich bei deinem Vorgehen und worin unterscheidet es sich?

Tipp zu Übung 4

So konstruiert man eine zentrische Streckung:

1. Die einander entsprechenden Ecken (z. B. A und A'; dann B und B') durch Geraden verbinden. Der Schnittpunkt der Geraden ist das Streckzentrum S.
2. Zur Bestimmung von k eine Originalstrecke und die entsprechende Bildstrecke messen (z. B. a und a'): $|k| = \frac{a'}{a}$.
3. Wenn Originalfigur und Bildfigur auf derselben Seite von S liegen, ist k positiv $\left(k = \frac{a'}{a}\right)$, andernfalls negativ $\left(k = -\frac{a'}{a}\right)$.

4 **Zeichne die drei Bildfiguren aus Aufgabe 2 in ein gemeinsames Koordinatensystem und benenne sie mit 1, 2, 3.**

Hinweis Im Lösungsheft sind die Figuren wie folgt benannt. 1: Bildfigur aus 2 a; 2: Bildfigur aus 2 b; 3: Bildfigur aus 2 c.

a) Entwirf eine zentrische Streckung von Figur 1 zu Figur 2. Gib die Koordinaten des Streckzentrums S und den Streckfaktor k an.
b) Konstruiere auch eine zentrische Streckung von Figur 1 zu Figur 3 und eine von Figur 2 zu Figur 3. Gib jeweils das Streckzentrum und den Streckfaktor an.

c) Andrej meint: „Wenn eine Figur mit zwei verschiedenen zentrischen Streckungen abgebildet wird, kann man immer zwischen den beiden Bildern eine zentrische Streckung konstruieren.“ Stimmt seine Behauptung? Begründe deine Antwort.

5 Ermittle jeweils die fehlenden Angaben zu der zentrischen Streckung (Originalpunkte, Bildpunkte, *S*, *k*).

a) Fünfeck *ABCDE*
$k = -1$

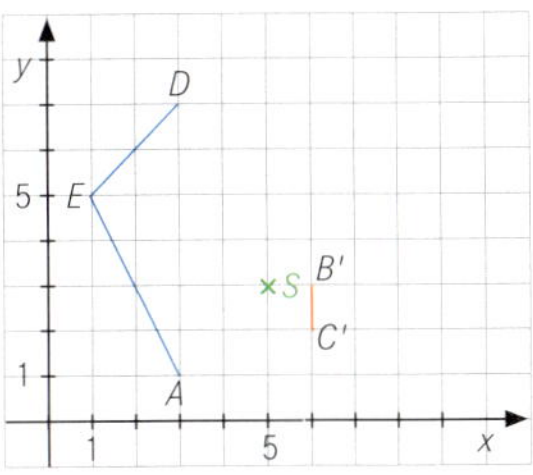

b) Dreieck *ABC*
$k = 0,5$

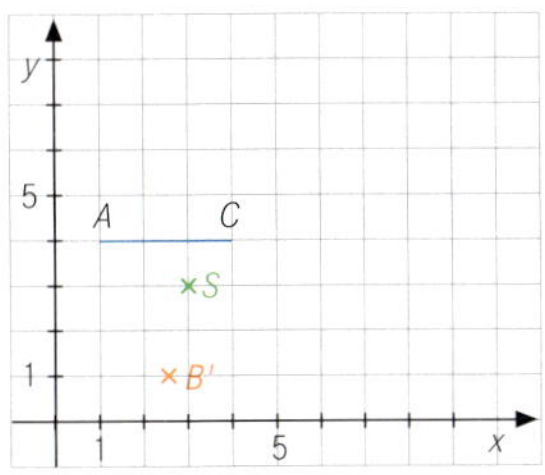

c) Viereck *ABCD*

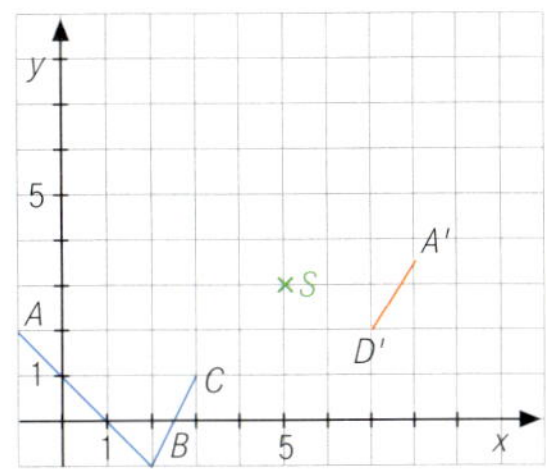

d) Dreieck *ABC*
$k = 2$

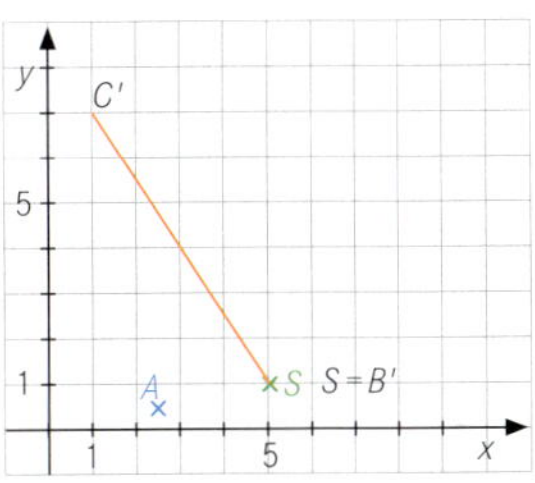

e) Viereck *ABCD*
$k = 1,5$

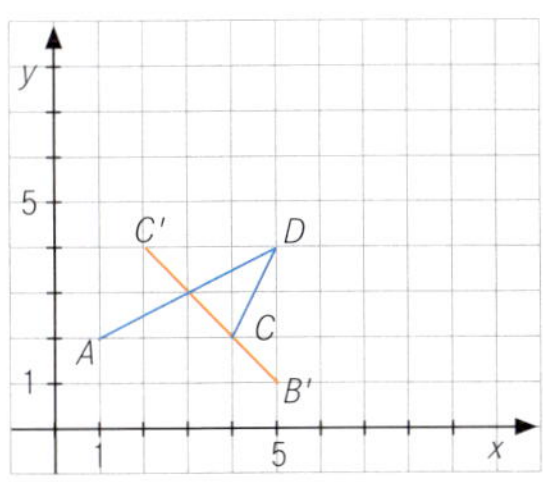

f) Fünfeck *ABCDE*

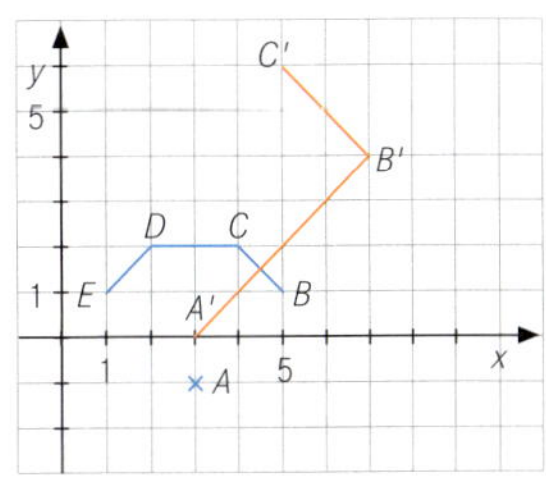

6 Zentrische Streckung.
Welche der Figuren können durch eine zentrische Streckung der blauen oder der grünen Figur entstanden sein? Gib für jede gefundene Lösung die Namen der Figuren, die Koordinaten des Streckzentrums und den Streckfaktor an.
Zu den Kreisen kannst du je zwei verschiedene zentrische Streckungen finden.

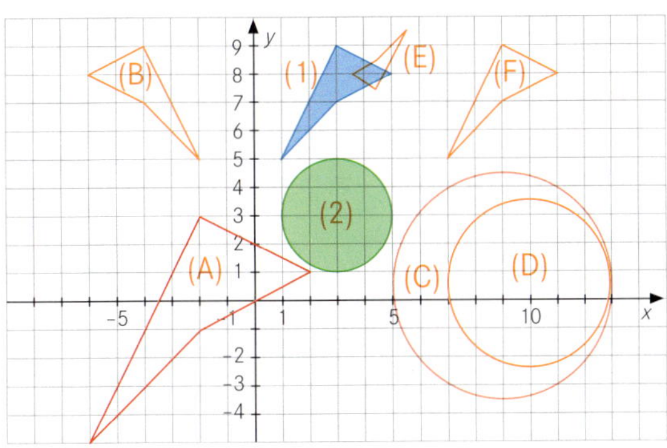

Tipp zu Aufgabe 7

Bei einer zentrischen Streckung haben alle Streckungen ein gemeinsames Zentrum. Deswegen haben alle Verbindungslinien zwischen Original- und Bildpunkt einen gemeinsamen Schnittpunkt – sonst ist es keine zentrische Streckung.

Außerdem muss das Verhältnis der Teilstrecken, z. B. $\frac{\overline{A'S}}{\overline{AS}}$, bei allen Punktpaaren gleich sein.

7 **Ermittle jeweils Streckzentrum und Streckfaktor. Zu welchen Paaren gibt es keine zentrische Streckung? Begründe.**
Die Originalfiguren sind blau, die Bildfiguren orange gezeichnet.

a)
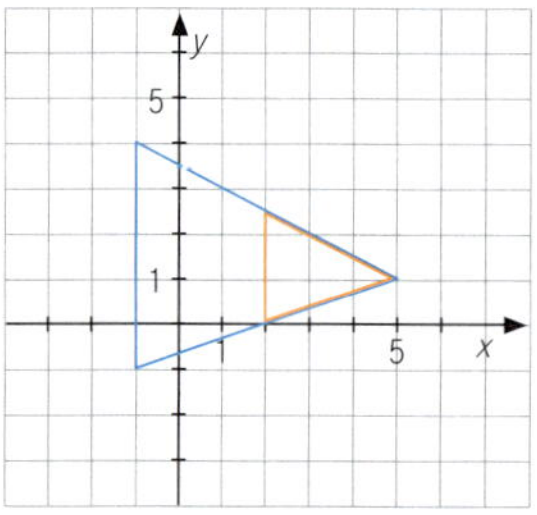

b)
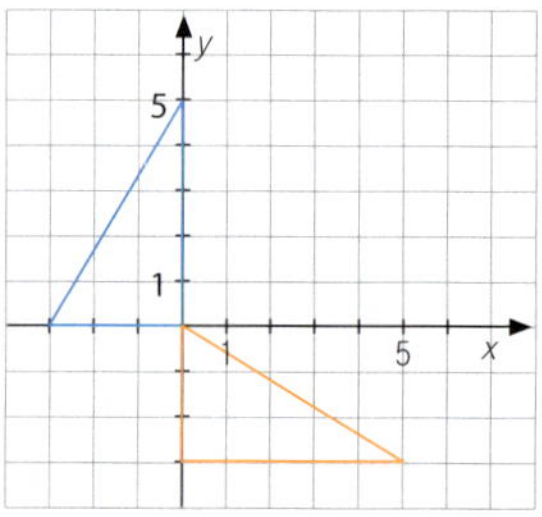

c)
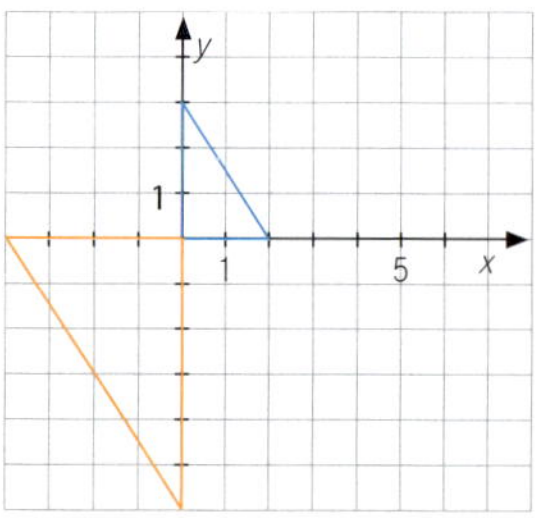

d)
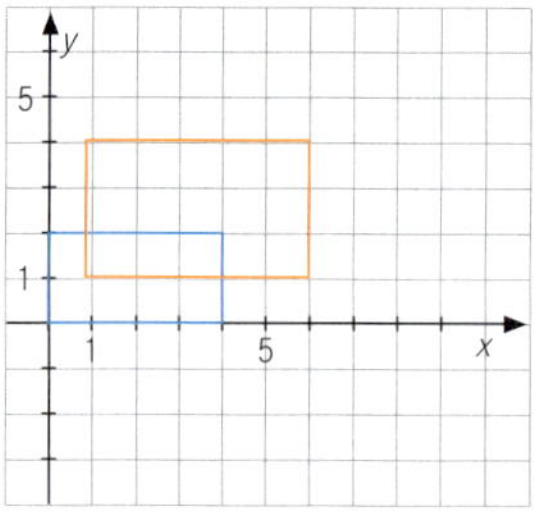

e)
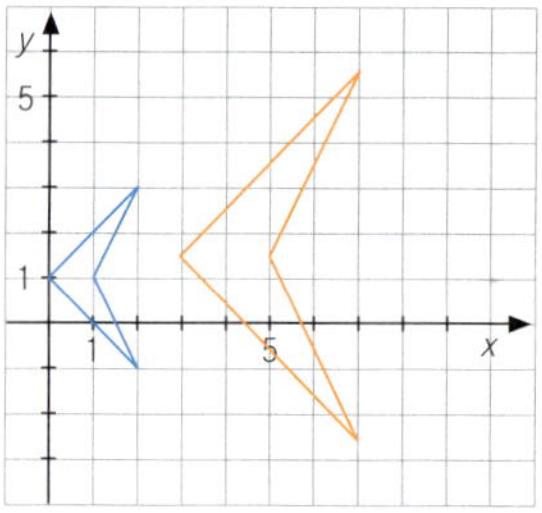

f)
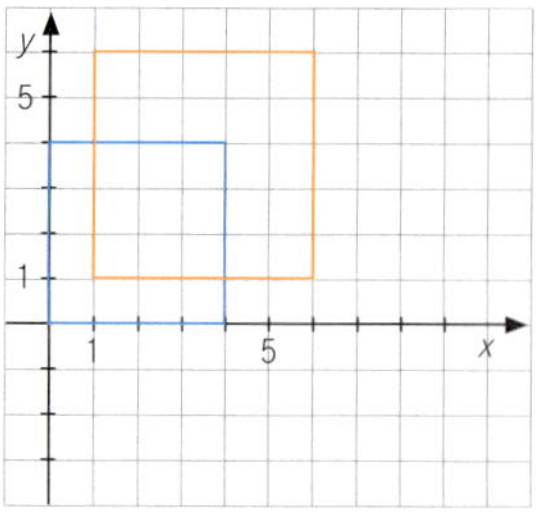

8 **Was kann man mit einer zentrischen Streckung erreichen? Begründe jeweils anhand von Beispielen.**

a) Achsenspiegelung einer Figur
b) Punktspiegelung einer Figur
c) Drehung einer Figur um 90°
d) Drehung einer Figur um 180°
e) eine Figur verschieben (ohne sie dabei auf andere Weise zu verändern)
f) maßstabsgerechte Vergrößerung einer Figur
g) maßstabsgerechte Verkleinerung einer Figur

9 **Untersuche alle zentrischen Streckungen der Aufgaben 1, 2, 3, 5 und 6. Ordne sie den Eigenschaften aus Aufgabe 8 zu.**
Beispiel: maßstabsgerechte Vergrößerung: 1 b, 1 d, ...

10 Verschieben mit zentrischen Streckungen.
Pia sagt, sie könne mit zentrischen Streckungen eine Figur verschieben, ohne dabei ihre Größe zu verändern. Dazu führt sie zwei zentrische Streckungen hintereinander aus.

a) Erkläre, was Pia meint.
b) Betrachte die Grafik und gib zu beiden zentrischen Streckungen an: Name der Ursprungsfigur, der Bildfigur und des Streckzentrums; dazu den Streckfaktor.
c) Finde eine andere Möglichkeit, die Ursprungs- auf die Zielfigur mit zwei zentrischen Streckungen abzubilden.

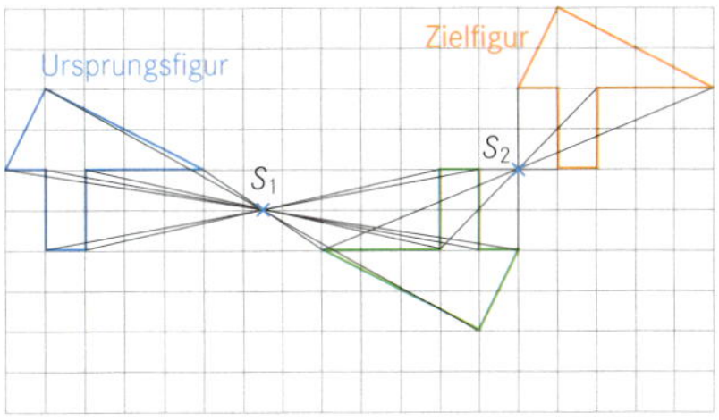

11 Verknüpfung zentrischer Streckungen
Mache es wie Pia in Aufgabe 10: Finde jeweils eine Verknüpfung zweier zentrischer Streckungen, mit denen du die Original- auf die Zielfigur abbildest.
Suche die Lösung zunächst zeichnerisch. Gib dann jeweils Streckzentrum und Streckfaktor an.

a) Verschiebung (1) → (A)
b) (1) → (B)
c) (2) → (C)
d) (2) → (D)

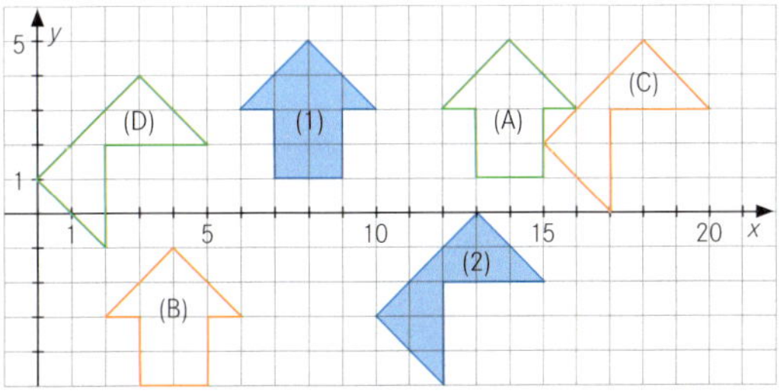

7.2 Flächeninhalte und Volumina bei zentrischen Streckungen

Darum geht es

- Wenn eine ebene Figur zentrisch gestreckt wird mit dem Streckfaktor k, so ändert sich ihr Flächeninhalt mit dem Faktor k^2.
- Wenn ein Körper zentrisch gestreckt wird mit dem Streckfaktor k, so ändert sich sein Volumen mit dem Faktor $|k|^3$.

Beispiel: zentrische Streckung eines Körpers.

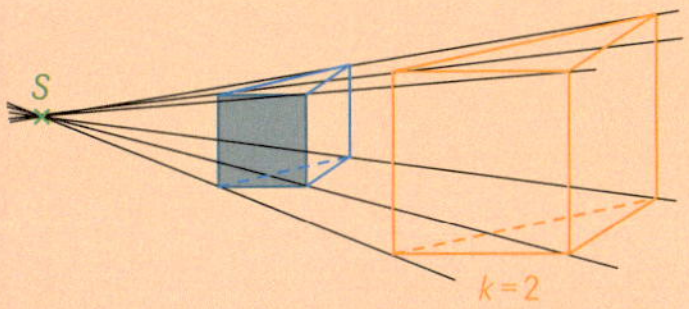

7 STRECKUNG, STRAHLENSÄTZE, ÄHNLICHKEIT

1 Zeichne das Streckzentrum ein und gib den Streckfaktor an.
Die Originalfiguren sind blau, die Bildfiguren orange gezeichnet.

a)

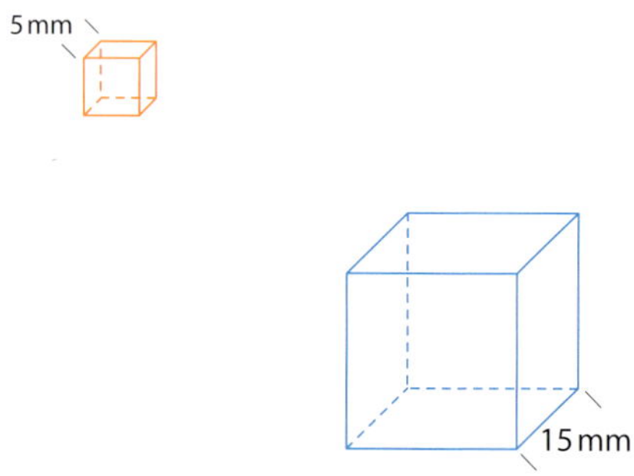

b)

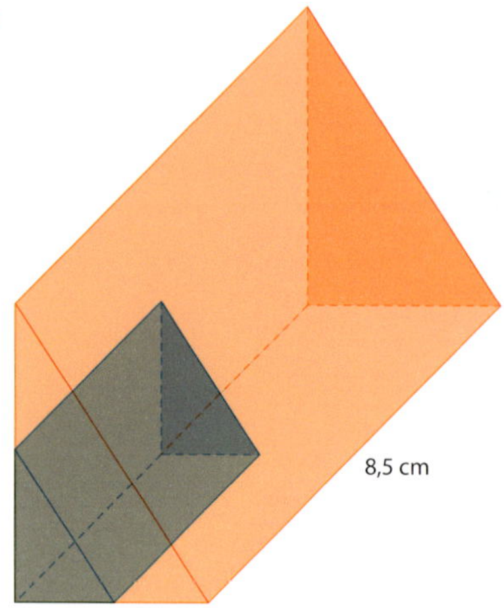

c)

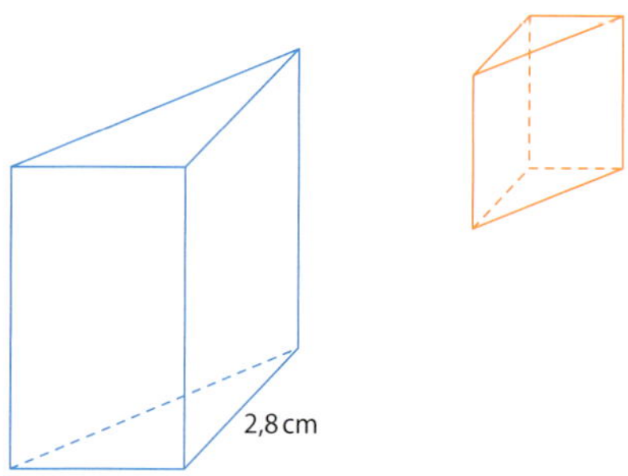

2 Berechne für die zentrischen Streckungen aus Aufgabe 1 die Oberflächeninhalte und Volumina der Original- und der Bildfiguren.
Die Strecken im Vordergrund kannst du abmessen, die anderen Längen sind wegen der perspektivischen Verzerrung angegeben.

3 Bestimme den Streckfaktor.
Zeichne ein Rechteck deiner Wahl und bilde es mit einer zentrischen Streckung so ab, dass sein Flächeninhalt 4-mal (9-mal; $\frac{1}{4}$-mal; 2-mal) so groß wird. Was ist jeweils der Streckfaktor?

4 Erkläre anhand von Skizzen, wieso sich bei einer zentrischen Streckung mit Streckfaktor *k* …

a) … der Flächeninhalt um k^2 ändert.
b) … das Volumen um $|k|^3$ ändert.
c) Warum wird bei der Änderung des Volumens der Betrag von k mit 3 potenziert, beim Flächeninhalt aber nicht der Betrag, sondern k selbst quadriert?

7.3 Strahlensätze

Darum geht es

Mit den Strahlensätzen kann man Streckenlängen berechnen.

1. Strahlensatz

Zwei Strahlen mit demselben Ausgangspunkt werden von zwei Parallelen geschnitten.

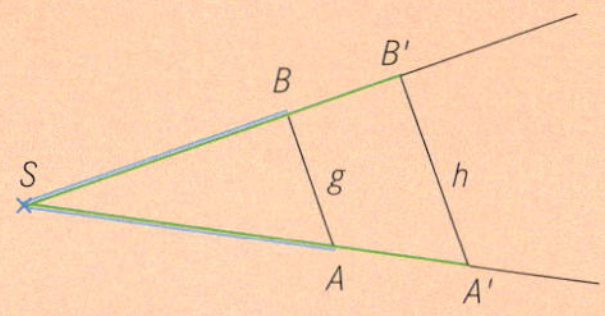

$g \parallel h$

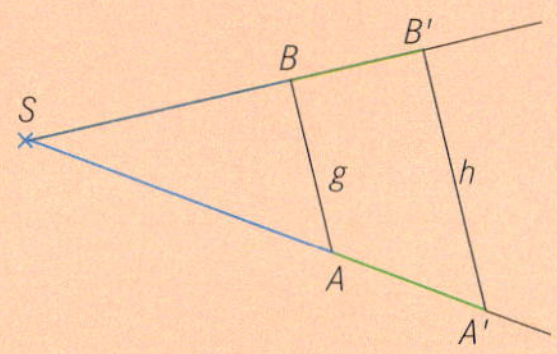

$g \parallel h$

Dann stehen die Streckenabschnitte auf dem einen Strahl zueinander in demselben Verhältnis wie die entsprechenden Streckenabschnitte auf dem anderen Strahl.

$\frac{\overline{SA}}{\overline{SA'}} = \frac{\overline{SB}}{\overline{SB'}}$ $\frac{\overline{SA}}{\overline{AA'}} = \frac{\overline{SB}}{\overline{BB'}}$

2. Strahlensatz

Die Ausgangslage ist dieselbe wie oben:
Zwei Strahlen mit demselben Ausgangspunkt werden von zwei Parallelen geschnitten.

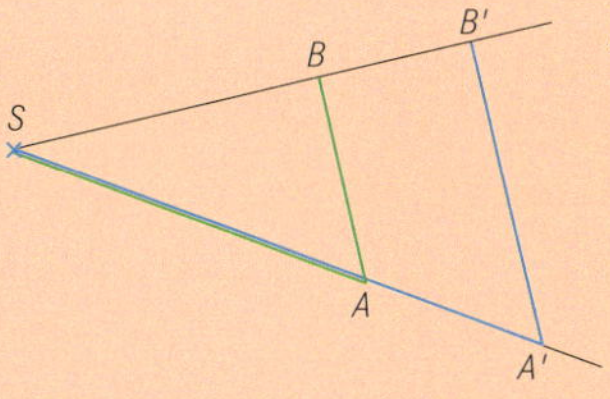

$\overline{AB} \parallel \overline{A'B'}$

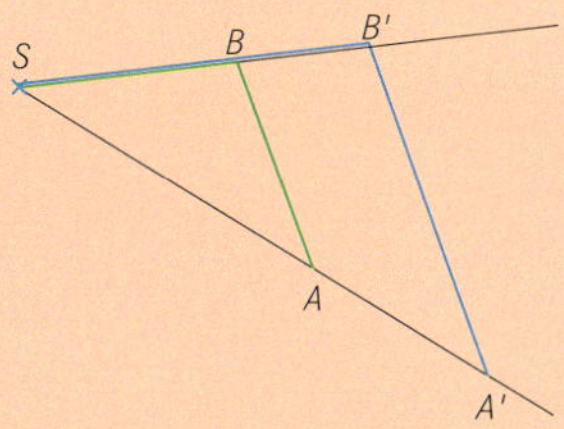

$\overline{AB} \parallel \overline{A'B'}$

Die Streckenabschnitte auf den Parallelen stehen zueinander in demselben Verhältnis wie die entsprechenden Streckenabschnitte auf einem der Strahlen.

$\frac{\overline{AB}}{\overline{A'B'}} = \frac{\overline{SA}}{\overline{SA'}}$ $\frac{\overline{AB}}{\overline{A'B'}} = \frac{\overline{SB}}{\overline{SB'}}$

7 STRECKUNG, STRAHLENSÄTZE, ÄHNLICHKEIT

1 Berechne die fehlenden Streckenlängen.

Alle Angaben in Zentimeter. Runde die Ergebnisse auf ganze Millimeter.

a) $\overline{AD} \parallel \overline{BC}$

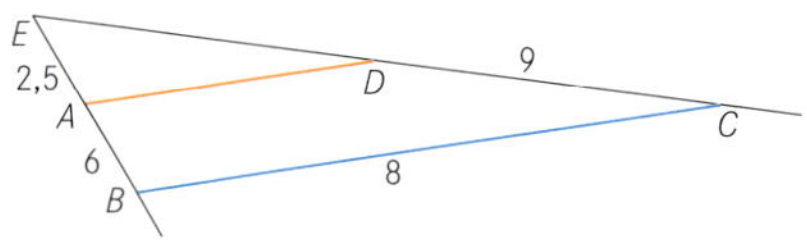

b) $\overline{BE} \parallel \overline{CD}$

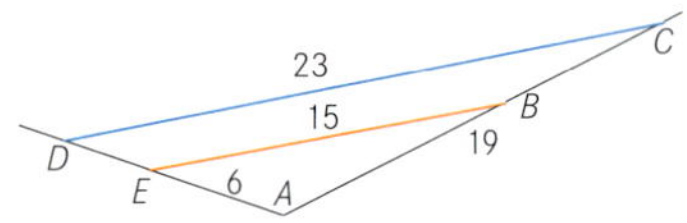

2 Wieso kann man die fehlenden Längen nicht mit den Strahlensätzen berechnen?

a)

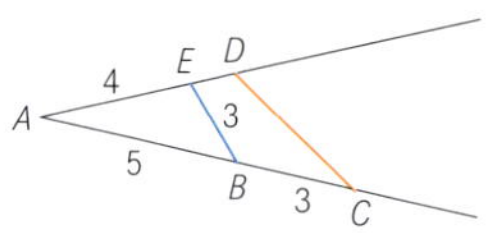

b) $\overline{AB} \parallel \overline{CE}$

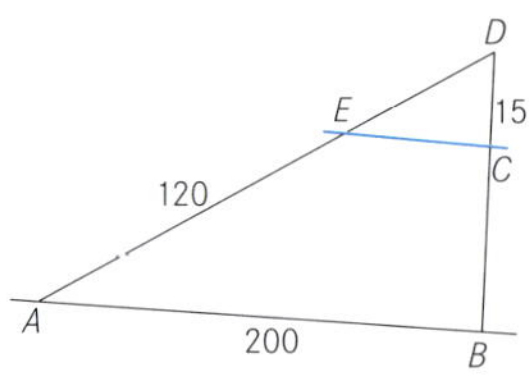

c) $\overline{AF} \parallel \overline{BE}$

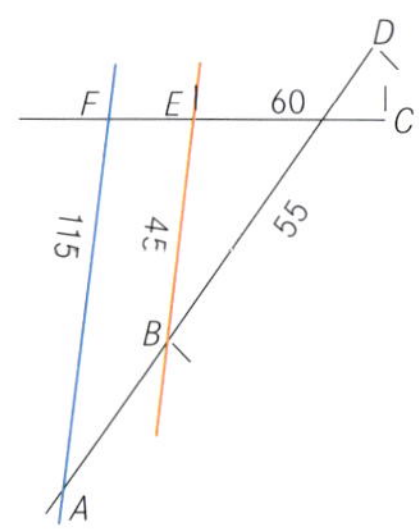

3 Berechne die fehlenden Streckenlängen.

$\overline{AC} \parallel \overline{BD}$

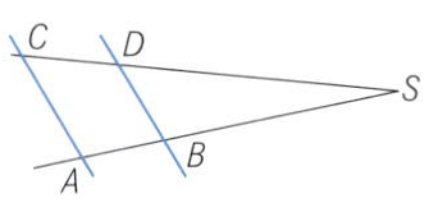

	$\overline{AS}$	$\overline{AB}$	$\overline{SB}$	$\overline{SC}$	$\overline{CD}$	$\overline{DS}$	$\overline{AC}$	$\overline{BD}$
a)	5 cm	1 cm				12 cm	2,5 cm	
b)	2 m		1 m		3 m			2,5 m
c)		15 mm	65 mm	64 mm				19,5 mm
d)		80 cm		175 cm			70 cm	3 cm
e)	25 mm				27 mm	10,5 mm	50 mm	

4 Zeichne die „Strahlensatzfiguren" aus 3 a) und 3 c).

a) Mache zunächst eine Skizze (Planfigur). Erinnere dich, wie man Dreiecke konstruiert, bei denen nur die drei Längenangaben gegeben sind. Wozu brauchst du diese Technik hier?

b) Miss nach, ob deine berechneten Ergebnisse stimmen.

5 Zeichne selbst „Strahlensatzfiguren“.

Bei den acht Streckenabschnitten sollen die angegebenen Längen vorkommen. Miss und berechne die fehlenden Längen – kommst du beim Messen und Berechnen auf dieselben Ergebnisse?

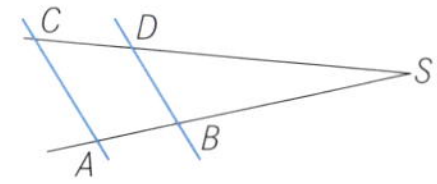

$\overline{AC} \parallel \overline{BD}$

Tipp Es gibt jeweils viele Möglichkeiten. Leicht zu zeichnen ist, wenn man nur Längen auf den beiden Strahlen (also keine auf den Parallelen) oder nur Längen auf *einem* Strahl und den Parallelen vorgibt. Ob das geht, hängt von den gegebenen Längen ab, z. B. kann man bei a) die Längen 2 cm, 4 cm und 6 cm den Abschnitten eines Strahls zuordnen.

a) 2 cm; 4 cm; 5 cm; 6 cm

b) 3,2 cm; 6 cm; 6,4 cm; 12 cm

c) 24 mm; 32 mm; 54 mm; 72 mm; 78 mm; 104 mm

6 Die Strahlensätze gelten auch bei einander schneidenden Geraden, wenn die Parallelen auf beiden Seiten des Schnittpunktes liegen.

Stelle die Strahlensätze für diese Figur auf.

Tipp Vergleiche die beiden Strahlensätze auf S. 99.

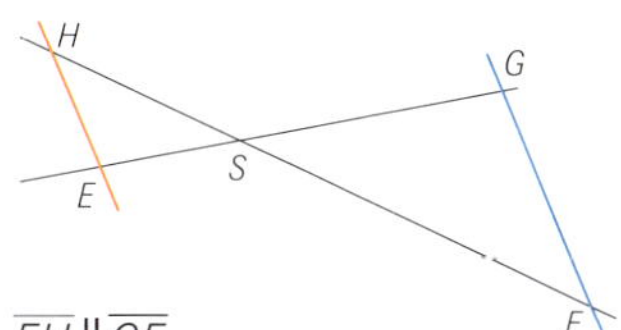

$\overline{EH} \parallel \overline{GF}$

7 Berechne die fehlenden Streckenlängen.

Alle Angaben in Zentimeter.

Tipp zu c) und d): Im ersten Schritt kannst du eine der drei Parallelen außer Acht lassen und die fehlenden Angaben für zwei Parallelen berechnen.

a) $\overline{AB} \parallel \overline{DC}$

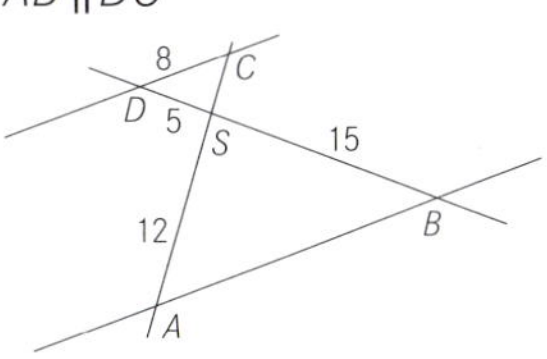

b) $\overline{EF} \parallel \overline{GH}$

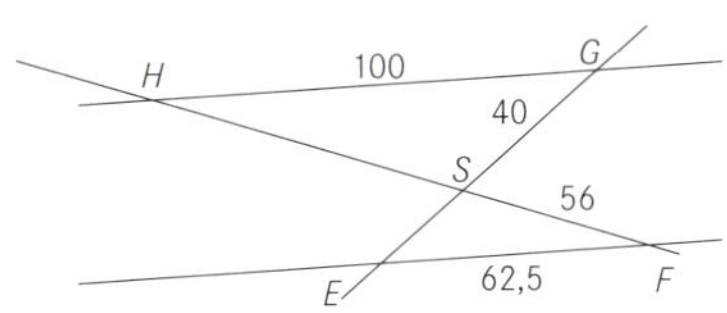

c) $\overline{AF} \parallel \overline{BE} \parallel \overline{CD}$

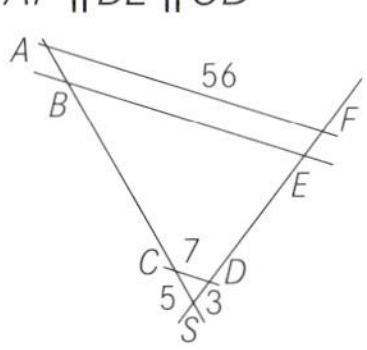

d) $\overline{AB} \parallel \overline{CF} \parallel \overline{DE}$

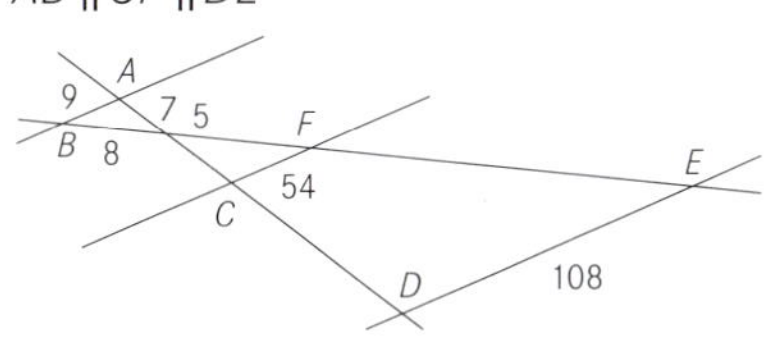

8 Streckenmessungen im Gelände.
Manche Strecken sind im Gelände schwierig zu messen. Mithilfe der Strahlensätze kann man eine Strecke berechnen, wenn man statt ihrer andere Strecken misst.

a) Wie breit ist der Fluss?

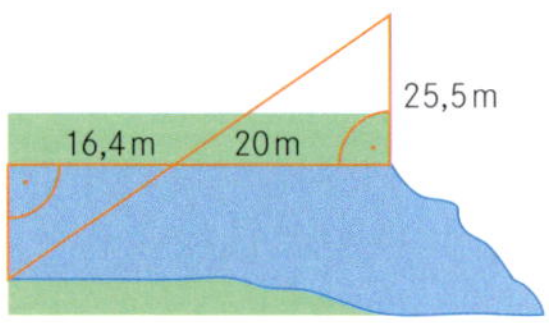

b) $a = 5{,}22\,\text{m}$; $b = 5\,\text{m}$; $c = 1\,\text{m}$
Wie breit ist die Autobahn (mit Standstreifen)?

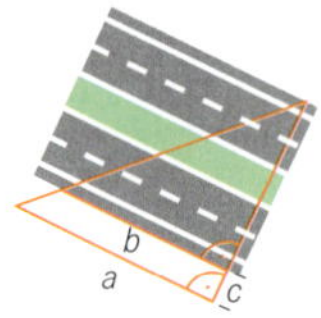

c) Welche Strecken würdest du an Land messen lassen, um die Flussbreite zu berechnen? Skizziere und benenne die zu messenden Strecken mit Variablen.
Stelle auch die Gleichung zur Berechnung der Flussbreite auf. (Nimm für die Flussbreite eine Variable und löse die Gleichung nach der Variablen für die Flussbreite auf.)

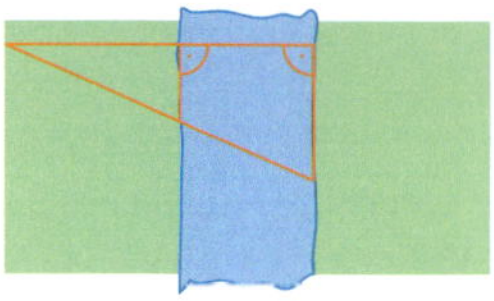

d) Wie groß ist die Spannweite des Flugzeugs (der Abstand von einer Flügelspitze bis zur anderen)?
Verfahre wie bei Aufgabe c.

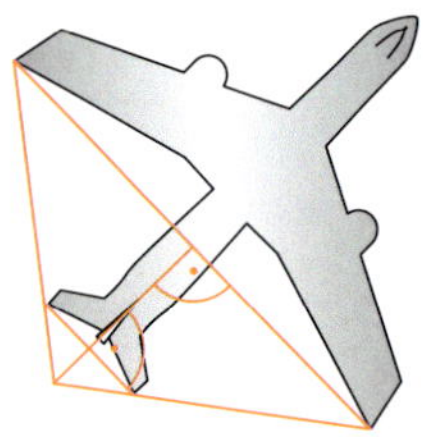

9 Wie kann man es messen?
Mache immer zuerst eine Skizze und berechne dann. Wie genau sind die Ergebnisse? Begründe und runde sinnvoll.

a) Timo will die Höhe des Berliner Fernsehturms abschätzen. Er weiß, dass er etwa 2 km entfernt ist. Er misst seine Daumenlänge (38 mm) und den Abstand vom Daumen bis zum Auge (bei ausgestrecktem Arm 51 cm). Er schließt ein Auge und peilt den Fernsehturm an: Er ist etwa $2\frac{1}{3}$ Daumenlängen hoch.

b) Timo meint, das Verfahren aus Aufgabe a sei nicht sinnvoll, wenn man sehr dicht am Fernsehturm steht. Was meint er? Begründe, ob er recht hat.

c) Hannah will wissen, wie weit sie noch vom Kölner Dom entfernt ist. Sie weiß, dass seine Turmspitze 157 m hoch ist. Die Breite ihres Daumens kennt sie, ihre Armlänge auch. Wie kann sie die Entfernung bestimmen?

d) Hannah schätzt mit dem in Aufgabe c beschriebenen Vorgehen, dass sie 4 km vom Kölner Dom entfernt ist. Was könnte sie gemessen haben? Setze sinnvolle Werte ein.

e) Mit einer Messlehre kann man besonders exakt messen.
Erkläre mit einem Strahlensatz.

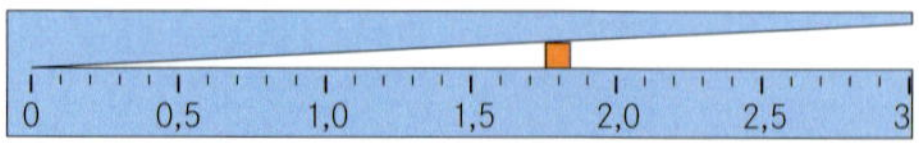

f) Wie hoch ist der Gegenstand aus Aufgabe e?

g) Aaron schätzt die Höhe eines Flutlichtmastes im Bremer Weserstadion ab. Er schätzt, dass er 300 m entfernt sitzt und er peilt ihn bei ausgestrecktem Arm (Abstand Daumen-Auge = 48 cm) auf $2\frac{2}{3}$ Daumenlängen. Sein Daumen ist 4 cm lang.

h) An der Nordsee steht in der Nähe von Emden ein 65 m hoher Leuchtturm. Marika will wissen, wie weit sie noch vom Leuchtturm entfernt ist. Sie peilt ihn bei ausgestrecktem Arm an und misst 1,5 Daumenlängen. Ihr Daumen ist 41 mm lang, der Abstand Daumen-Auge beträgt 56 cm.

i) Wie breit und wie hoch ist der Gegenstand?

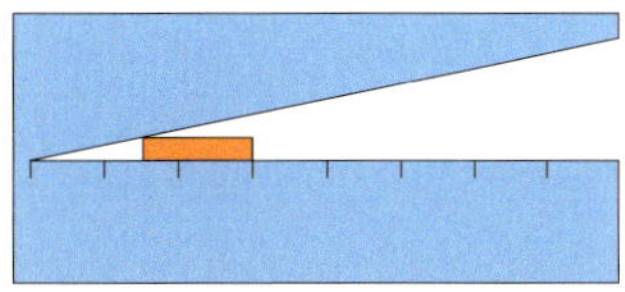

Tipp zu Aufgaben 10 und 11

Damit man die Strahlensätze zur Berechnung von Längen anwenden kann, müssen zwei der Strecken parallel verlaufen.
Man kann den Strahlensatz auch in entgegengesetzter Richtung nutzen:

Man misst die Strecken $\overline{AA'}$, $\overline{AS}$, $\overline{BB'}$ und $\overline{BS}$.

Wenn $\frac{\overline{AA'}}{\overline{AS}} = \frac{\overline{BB'}}{\overline{BS}}$, dann ist $\overline{AB} \parallel \overline{A'B'}$.

Wenn $\frac{\overline{AA'}}{\overline{AS}} \neq \frac{\overline{BB'}}{\overline{BS}}$, dann sind AB und $A'B'$ nicht parallel.

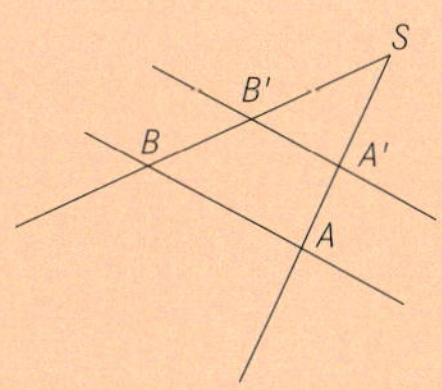

(Man kann auch anhand einer anderen Strahlensatzfigur die Parallelität testen.)

10 **Sind die Geraden *g* und *h* parallel?**

	$\overline{CS}$	$\overline{CD}$	$\overline{DS}$	$\overline{FS}$	$\overline{EF}$	$\overline{ES}$	$\overline{CF}$	$\overline{DE}$
a)	12		8		8	16	15	10
b)		3	12	50	10		49	39,2
c)		28	12	30	20		30	9
d)	12	4		24		16	12	7

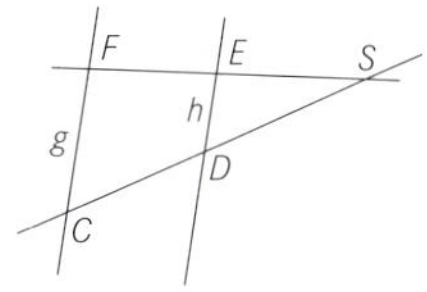

	$\overline{GI}$	$\overline{GS}$	$\overline{SI}$	$\overline{HK}$	$\overline{HS}$	$\overline{SK}$	$\overline{GH}$	$\overline{KI}$
e)	140	80		180	100		70	30
f)	25		7		27	10,5	50	14
g)		20	2	16,5		1,5	30,25	2,75
h)	20	18			12	$\frac{2}{3}$	28,5	1,5

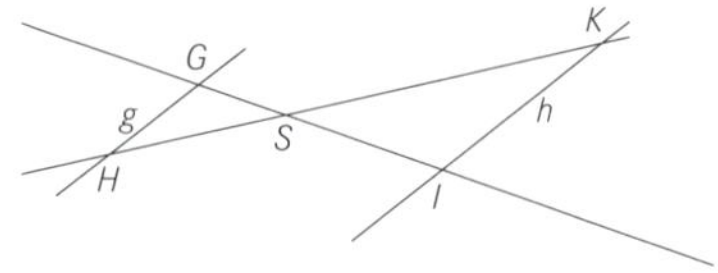

7.4 Ähnliche Figuren und gemischte Aufgaben

Darum geht es: Ähnlichkeit

Zwei Figuren F_1 und F_2 heißen **ähnlich zueinander,** wenn sie dieselbe Form haben. Dabei können die Figuren auch vergrößert bzw. verkleinert und auch gespiegelt sein.
Anders ausgedrückt: Zwei Figuren sind *einander ähnlich,* wenn entsprechende Winkel gleich sind und entsprechende Seitenlängen in demselben Längenverhältnis stehen.
In Zeichen: $F_1 \sim F_2$.

$F_1 \sim F_2 \sim F_3$

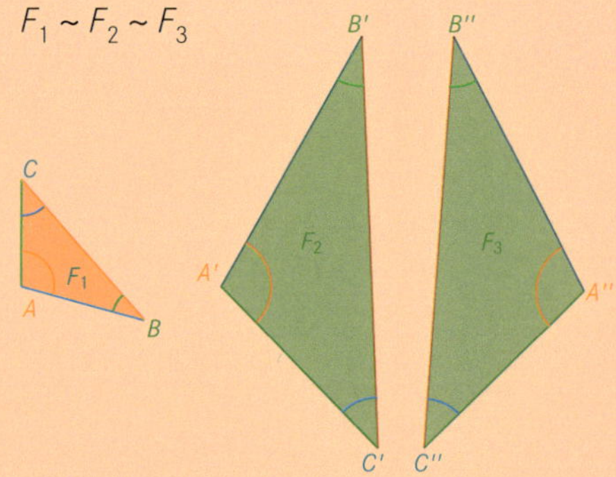

Man kann es auch ganz anders ausdrücken:
Wenn eine Figur mit einer Verknüpfung aus Kongruenzabbildungen und zentrischen Streckungen abgebildet wird, sind Figur und Bildfigur *zueinander ähnlich.*

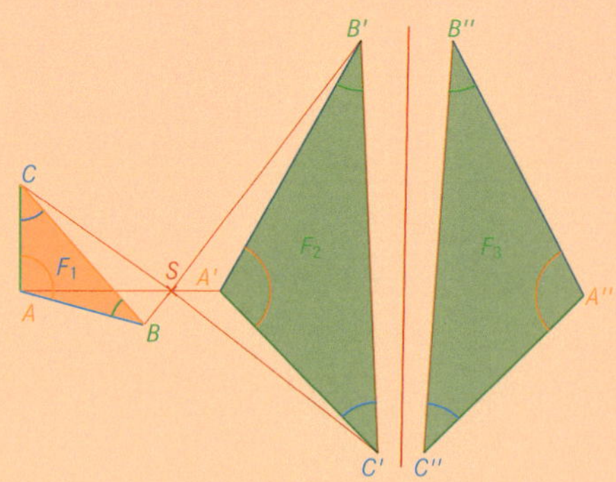

Das Größenverhältnis Bildfigur zu Originalfigur heißt **Ähnlichkeitsfaktor** oder **Maßstab.** Der Ähnlichkeitsfaktor der obigen Abbildung $F_1 \rightarrow F_2$ ist 2,2 : 1.

Erinnere dich

Kongruenzabbildungen sind Abbildungen, bei denen Größe und Form der Figur erhalten bleiben. Das sind: Achsenspiegelung, Punktspiegelung, Drehung, Verschiebung und alle Verknüpfungen dieser Abbildungen.
Zwei Figuren sind *zueinander kongruent,* wenn sie dieselbe Form *und* dieselbe Größe haben. Vergleiche mit der Definition von Ähnlichkeit S. 104.
In Zeichen: „$F_1 \cong F_2$“ heißt: F_1 ist kongruent zu F_2.

1 **Sind die Figuren ähnlich zueinander? Gib für ähnliche Figuren den Ähnlichkeitsfaktor an.**

a)

b)

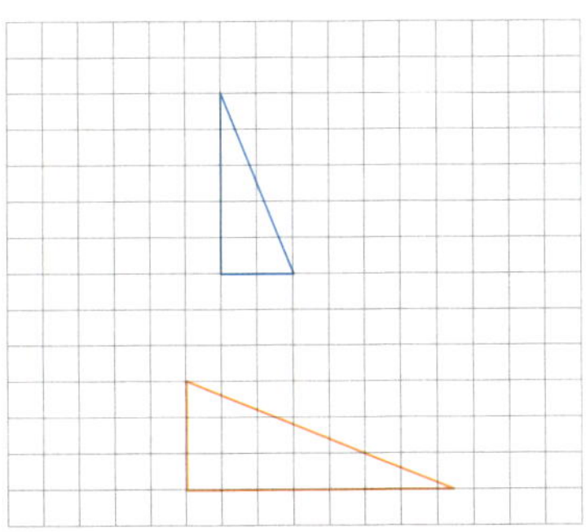

c)

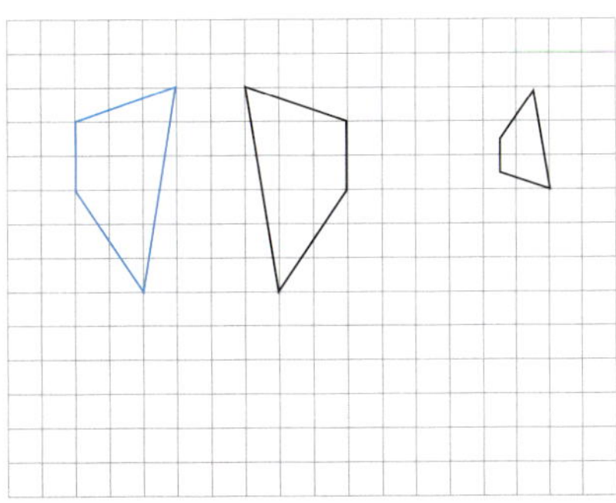

2 **Ähnlichkeitsabbildungen**

Betrachte die beiden Ähnlichkeitsabbildungen aus Aufgabe 1.
Versuche diese Abbildungen mit einer Verknüpfung aus Achsenspiegelung, Drehung, Verschiebung und/oder zentrischer Streckung zu erreichen. Vergleiche dazu die Grafik auf S. 104. Probiere und zeichne die Zwischenschritte mit Bleistift oben ein.

Tipp zu Aufgabe 3

Der Ähnlichkeitsfaktor (der Maßstab) ist abhängig von der Richtung der Abbildung.
Beispiel: In der Abbildung auf S. 104 ist
- für $F_1 \rightarrow F_2$ der Ähnlichkeitsfaktor 2,2 : 1, aber
- für $F_2 \rightarrow F_1$ der Ähnlichkeitsfaktor 1 : 2,2 $\left(\text{oder auch: } \frac{1}{2,2}\right)$.

3 **Welche Figuren sind zueinander ähnlich, welche kongruent?**

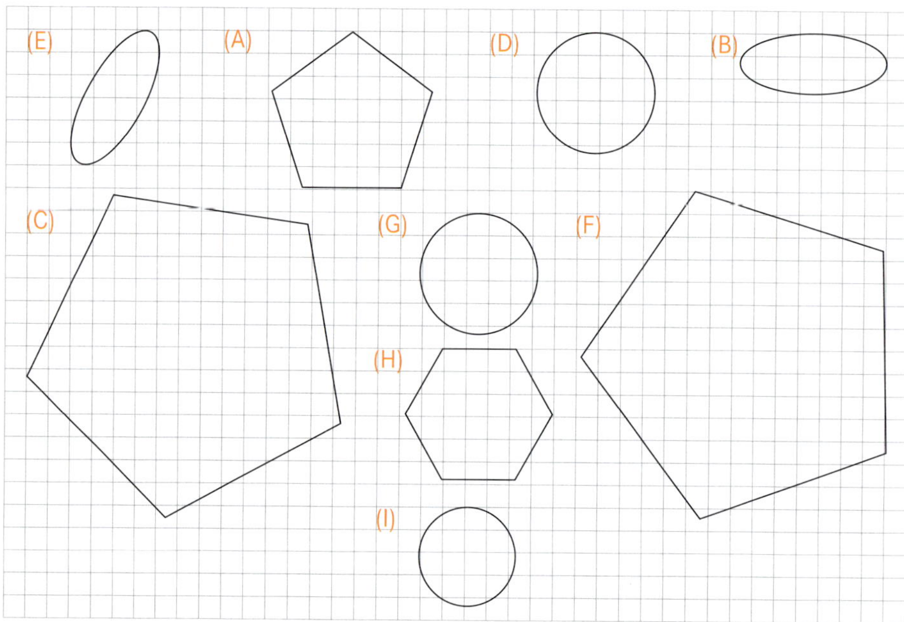

a) Nenne alle Figuren, die zueinander ähnlich sind. Notiere in der mathematischen Schreibweise.
b) Gib zu jedem Paar ähnlicher Figuren den Ähnlichkeitsfaktor an.
c) Welche Figuren sind kongruent zueinander? Notiere in der mathematischen Schreibweise.
d) Vergleiche deine Antworten zu Aufgabe b und c. Was stellst du fest?

4 **Was ist zueinander kongruent, was ist zueinander ähnlich?**

a) Schiffsmodell und Schiff
b) ein Baum und das Foto des Baumes
c) Stadtplan und Grundriss der Stadt
d) Hand und Fuß
e) Skizze und Wirklichkeit
f) Baby und Erwachsener
g) Gummibärchen in einer Tüte zueinander
h) verschieden große Kreise
i) Foto auf dem Display einer Digitalkamera und Abzug des Fotos

5 Ähnlichkeit und Kongruenz

Zeichne Original- und Bildfigur in ein Koordinatensystem. Welche sind ähnlich oder sogar kongruent zueinander?
Beweise die Kongruenz von Figuren, indem du eine passende Verknüpfung aus Achsenspiegelung, Drehung und/oder Verschiebung einzeichnest.
Beweise die Ähnlichkeit von Figuren, indem du eine passende Verknüpfung aus den oben genannten Abbildungen und einer zentrischen Streckung einzeichnest.

a) Original: $A(-1\,|\,0)$, $B(2\,|\,3)$, $C(1\,|\,5)$;
Bild: $A'(1\,|\,0)$, $B'(-2\,|\,3)$, $C'(-1\,|\,5)$.
b) Original: $A(1\,|\,1)$, $B(3\,|\,4)$, $C(1\,|\,5)$;
Bild: $A'(7\,|\,0)$, $B'(3\,|\,4)$, $C'(7\,|\,5)$.
c) Original: $A(-4\,|\,-5)$, $B(-1\,|\,-5)$, $C(-1\,|\,0)$, $D(-1{,}5\,|\,0)$, $E(-3\,|\,-4)$, $F(-3\,|\,0)$, $G(-4\,|\,0)$;
Bild: $A'(8\,|\,10)$, $B'(2\,|\,10)$, $C'(2\,|\,0)$, $D'(3\,|\,0)$, $E'(6\,|\,8)$, $F'(6\,|\,0)$, $G'(8\,|\,0)$.

6 Fotoformate

Jacquelines Digitalkamera macht Bilder mit den Maßen 1 728 Pixel × 2 592 Pixel. Für Fotoabzüge kann sie wählen zwischen den Bildformaten 9 × 13, 10 × 15, 13 × 18 und dem Posterformat 42 × 59 (alle in Zentimeter).

a) Welche Fotoformate sind ähnlich zum Format des Originalbildes?
b) Was könnte passieren, wenn Jacqueline eines der anderen Formate für die Abzüge wählt?
c) Jacqueline kann an ihrer Kamera das Bildformat ändern in 1 944 Pixel × 2 592 Pixel und in 1 851 Pixel × 2 592 Pixel. Welche Einstellung wäre für welche Abzüge geeignet?

7 Zentrische Streckung und Strahlensätze

Julie hat ein Modell des Eiffelturms in ihre Hamburger Schule mitgebracht, es ist 20 cm groß. Sie will eine zentrische Streckung von ihrem Modell zum echten Eiffelturm konstruieren.

a) Folgende Angaben werden recherchiert: Der Eiffelturm ist 300 m hoch; Luftlinie Paris–Hamburg ca. 750 km. Wozu sind diese Angaben wichtig?
b) Der Eiffelturm hat vier „Standbeine“, sie zeigen genau nach Norden, nach Westen, nach Süden und nach Osten. Julie sagt, sie müsse ihr Modell genau gleich ausrichten, damit es eine zentrische Streckung wird. Warum?
c) Wie groß ist der Streckfaktor?
d) Wie weit entfernt und in welche Richtung vom Modell liegt das Streckzentrum?
Tipp Skizziere eine passende Strahlensatzfigur.
e) Julie stellt ihr Eiffelturmmodell auf den Kopf. Wo liegt nun das Streckzentrum und wie groß ist der Streckfaktor?
Tipp Entwickle wieder eine Strahlensatzfigur.

Test Kapitel 7

1 Eine Figur wird zentrisch gestreckt. Zeichne in ein Koordinatensystem und bestimme die fehlenden Angaben. |9|

	Originalfigur	Streckzentrum, Streckfaktor	Bildfigur
a)	$A(6\mid 2)$; $B(0\mid 4)$; $C(0\mid 0)$; $D(1\mid 3)$	$S(3\mid 2)$, $k = \frac{1}{2}$	
b)	$A(1\mid 4)$; $B(0\mid 0)$; $C(2\mid -1)$; $D(2{,}5\mid 1)$		$A'(1\mid 1)$; $B'(3\mid 9)$; $C'(-1\mid 11)$; $D'(-2\mid 7)$
c)		$S(4\mid 0)$, $k = -3$	$A'(10\mid 12)$; $B'(-5\mid 0)$; $C'(7\mid -3)$

2 Körper zentrisch strecken.

a) Der kleine Würfel ist aus einer zentrischen Streckung mit Streckfaktor $\frac{1}{3}$ aus dem großen Würfel entstanden. Wo ist das Streckzentrum? Bestimme auch Kantenlänge, Oberflächeninhalt und Volumen des Original- und des Bildwürfels. |5|

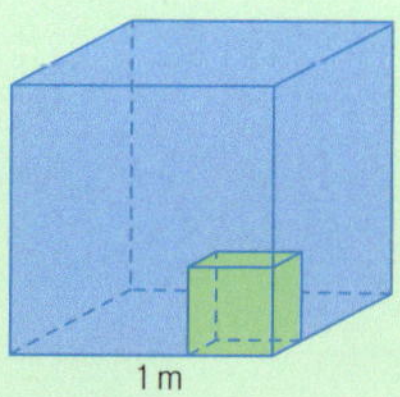

b) Ein Prisma mit Oberflächeninhalt $85\,\text{cm}^2$ und Volumen $70\,\text{cm}^3$ wird zentrisch gestreckt, das Bildprisma hat ein Volumen von $4\,480\,\text{cm}^3$. Ermittle Streckfaktor und Oberflächeninhalt des Bildprismas. |3|

3 Berechne die fehlenden Angaben. |8|

$g \parallel h \parallel i$

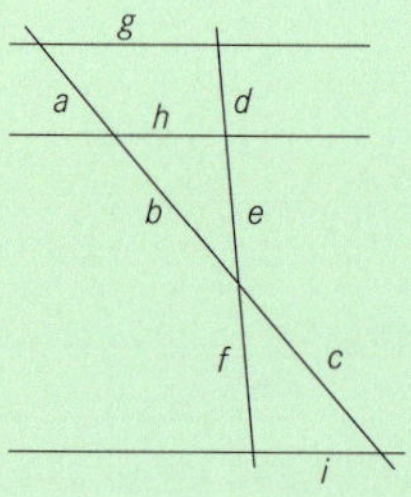

	a	b	c	d	e	f	g	h	i
a)	8	4			6	13,5	7		
b)		40		21	24			$18\frac{2}{3}$	1,4

4 Jana peilt mit ihrem Daumen einen Turm an. Runde sinnvoll. |8|

Janas Daumen ist 12 mm breit und ihr Arm 55 cm lang. Mache dir jeweils eine Skizze.

a) Wie hoch ist der Turm? In 200 m Entfernung vom Turm peilt sie die Höhe mit ausgestrecktem Arm auf 6 Daumenbreiten.

b) Sie steht vor einer kreisrunden Zielscheibe mit dem Radius 85 cm. Jana peilt ihren Durchmesser auf 2,5 Daumenbreiten. Wie weit entfernt steht sie?

5 Welche der Figuren ist ähnlich zur blauen Figur, welche sogar kongruent? Schreibe mit mathematischen Zeichen und gib ggf. den Ähnlichkeitsfaktor an. |5|

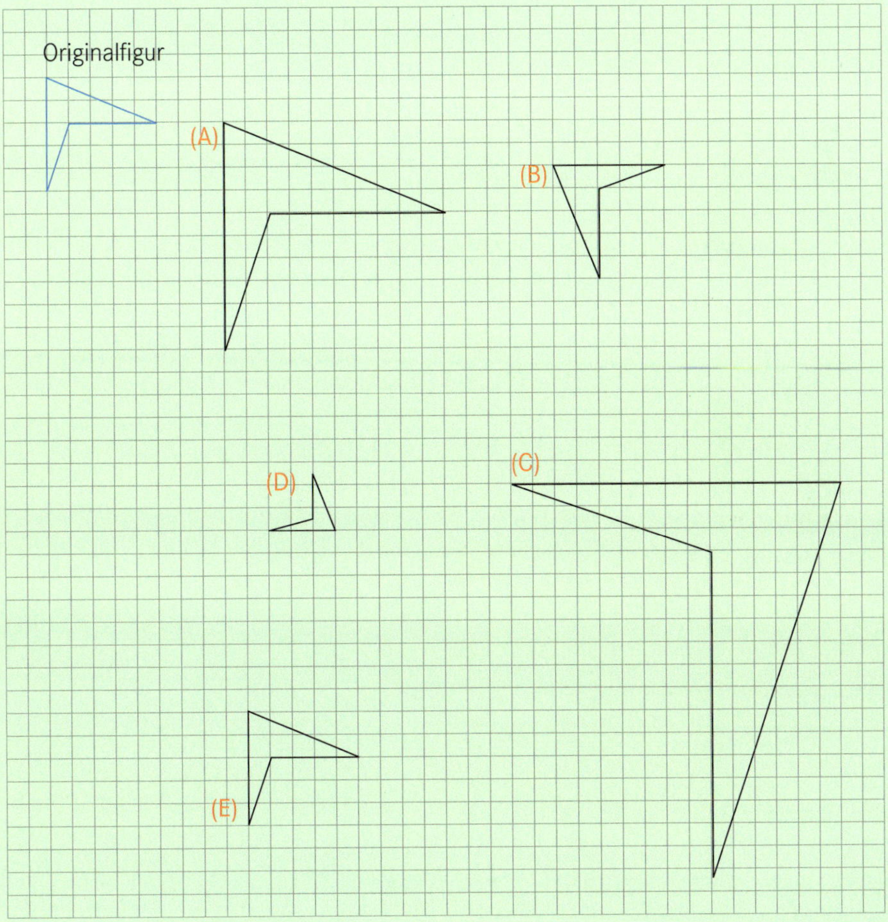

||38||

Wie viele Punkte hast du? Erreichst du mehr als 30 Punkte, beherrschst du den Inhalt des Kapitels wirklich gut. Erreichst du weniger als 16 Punkte, dann solltest du dieses Kapitel wiederholen.

VERZEICHNIS DER ZEICHEN UND ABKÜRZUNGEN

Bezeichnung in diesem Buch	Bedeutung	Abweichende Bezeichnung in anderen Büchern
A	Flächeninhalt	
V	Volumen	
O	Oberfläche	
L	Lösungsmenge	
$x \rightarrow y$	Zuordnung zweier Größen	
f	Funktion	
$y = f(x)$	Funktionsgleichung	
$f: x \rightarrow f(x)$	Funktionsvorschrift	
$P(2 \mid 5)$	Punkt im Koordinatensystem	$P(1; 5)$
m	Steigung einer Geraden	
b	y-Achsenabschnitt	
$\{\ \}$	Leere Menge	$\emptyset$
$\{(x \mid y) \mid y = f(x)\}$	unendlich große Lösungsmenge	
q	Quadratzahl	
$n = \sqrt{q}$	Quadratwurzel aus q	
ABC	Dreieck mit den Eckpunkten A, B, C	
r, U	Kreisradius, Kreisumfang	Umfang u
rat (irr)	rationale (irrationale) Zahl	
$\overline{AB}$	Strecke auf der Zahlengeraden, in ebenen Figuren	
$h(h_c)$	Höhe im Dreieck, Trapez (über der Seite c)	
d	Raumdiagonale, Kreisdurchmesser	D
p, q	Hypotenusenabschnitte im rechtwinkligen Dreieck	
M	Mittelpunkt eines Dreiecks; Mantelfläche eines Prismas (Kreiszylinders)	
ω	Verzerrungswinkel eines Körpers im Schrägbild	
k	Verkürzungsfaktor eines Körpers im Schrägbild	
G	Kreisgrundfläche eines Kreiszylinders	
$A'B'C'$	Bildfigur eines Dreiecks mit den Eckpunkten A', B', C'	
S	Streckzentrum einer zentrischen Streckung	
$\overline{A'B'}$	Bildstrecke in einer Bildfigur	
$\overline{AB} \parallel \overline{CD}$	parallele Strecken $\overline{AB}$ und $\overline{CD}$	
$F_1 \sim f_2$	einander ähnliche Figuren F_1 und F_2	
$F_1 \cong f_2$	zueinander kongruente Figuren F_1 und F_2	